心灵鸡汤
超值珍

编者◎闫 晶

将来的你，一定要感谢现在努力的自己

世界图书出版公司

图书在版编目（CIP）数据

心灵鸡汤大全集：超值珍藏版 / 闫晶编 . -- 北京：
世界图书出版公司北京公司 , 2011.6
ISBN 978-7-5100-3715-3

Ⅰ . ①心… Ⅱ . ①闫… Ⅲ . ①人生哲学—通俗读物
Ⅳ . ① B821-49

中国版本图书馆 CIP 数据核字 (2011) 第 133855 号

书　　　名	心灵鸡汤大全集：超值珍藏版
（汉语拼音）	XINLING JITANG DAQUANJI：CHAOZHI ZHENCANGBAN
编　　　者	闫 晶
总 策 划	吴 迪
责 任 编 辑	刘 煜
装 帧 设 计	天昊书苑
出 版 发 行	世界图书出版公司长春有限公司
地　　　址	吉林省长春市春城大街 789 号
邮　　　编	130062
电　　　话	0431-86805551（发行）　 0431-86805562（编辑）
网　　　址	http://www.wpcdb.com.cn
邮　　　箱	DBSJ@163.com
经　　　销	各地新华书店
印　　　刷	北京一鑫印务有限责任公司
开　　　本	889 mm × 1194 mm　1/32
印　　　张	25
字　　　数	519 千字
印　　　数	1—10 000
版　　　次	2011 年 6 月第 1 版　 2019 年 10 月第 1 次印刷
国 际 书 号	ISBN 978-7-5100-3715-3
定　　　价	180.00 元（全 5 册）

前/言

人生是一个不断追求的过程，我们追求学业、追求事业、追求温情、追求幸福。时光在指尖流转，生活在光阴中继续。每个人都希望自己的人生是完美的，虽然这不容易做到，但是我们却可以通过自己的努力，让自己的人生少留一些遗憾，这样的人生同样也是完满的。

人的一生，都希望得到最多的快乐和幸福，希望自己的每一天都过得愉悦和惬意，希望身边的亲人和朋友也能像自己一样。于是，我们都在努力着。

我们一直很努力，争取做一个最好的自己；我们时刻在努力，尽量让未来对得起我们的努力。

苏格拉底曾说，人生就是一次无法重复的选择。每个人都会时常面临来自学习、生活、工作和社会的各种各样的压力和问题。当难题迎面而来的时候，充分汲取、掌握并运用深刻的哲理来指明前进的方向，领悟人生的意义，才能加速我们成功的进程。

　　每个人都希望拥有一个完满的人生，并为此付出努力。虽然生活当中总有一些不如意，但是我们追求完美的脚步却从不停歇。因为我们知道，生活总要继续，还有许多美好的人和事在未知的前方等着我们。为了能够遇见未来更好的自己，我们不能停下来，当然，我们也停不下来。因为我们已经在生活中了，所以请跟着它快乐地走下去吧！

目 / 录

Y

第一章

匆匆那年　全力以赴

写给偶像的一封信

亲爱的偶像：

我从高中开始听你的音乐。某一年夏天，我在朋友的车上第一次听到你的歌，年少的我第一印象是："这人怎么这样唱歌呢？"说不上好不好听，爽朗的歌声难以掳获少女的心，当然从未被社会束缚过的我，自然也不懂和自己私奔的快活之处。

而朋友近乎解体的车，缓慢闷热又有些微妙的尴尬气氛，就在对一首一首的歌曲评头论足之后，时间于是打发了，在你跳脱飞扬的歌声中，青春也打发走了。

一次意外误植了心中爱情定义的邂逅，我在朋友的家中看到了偶像另一盘录音带，走不进别人的心，却意外地走进了你的抒情里，我几乎快要执着地爱上不优越的惨淡和平凡。夜深人静依附着歌词揣测，我知道迷恋的不是你的具体，而是你弥补了无法满足的生活条件，空洞无秩序，代替我提供了一切不顺遂和不快乐的理由。

我掉进了你那个世代共同的微愠里，那种再怎么哀怨愁苦依旧要抱着期待和关怀，我也间接地爱上了所有人的脆弱和敏感，提早在苦涩中提炼真正纯粹的甜美。

纵然甜美不该只从此处才能被完整提炼，关于如何在深蓝海洋的冷峭静默里，如何在远方国度无目的流浪，冲动而起的叛逆冒险，甚至在杯酒交错的短暂时光或只是单纯地与一位推拿老师傅的惬意交谈；很慢才成熟的我缓缓地意识到，除了对勾勒不出的未来无能为力之外，美好其实无处不在。

比起少女幻想式的哀愁体验，所谓真实生活还可以怎么过，在我心中缓慢成形的"你"，也为我划出疯狂和理智的界线。任何人看你自由地在这两方空间来回走着，很难不回头想想自己干涩的人生。

从不曾主动搜集你资料的我，竟也在这些由音乐和歌词和一些你的荒唐消息拼凑出了完整有机的具体。你之于我的偶像地位于是成立。

最初曾在士林废河道看了你的演出，后来开始参加跨年演唱会。也曾听说你会出现在某一间我常去的公寓隔壁（后来证实是谣言），终于我还贴着墙听隔壁的动静。

我的最疯狂也仅止于此。

不过，我当然知道偶像不是人当的。

一般来说，偶像可以素颜，但要有一些基本的原则，不公开恋情，不能有脱序行为，偶像不该乱发脾气，不能人间蒸发，不会让人惧怕，不能随便改变，不能一成不变，凡事客气满意，给得起每一个不分青红皂白的微笑和拥抱；总之偶像不该是人，偶像之于凡人就应该是尽量延迟我们粗俗的幻灭时间。偶像看起来就该是一个牢笼或惩罚，因为我曾攀附在你身上与你一同飞翔才紧握到的自我认同，那种快乐和害怕坠落的刺激感受全因你而起的，可千万别把我摔落。

但怎么办？我想到的每一样每一样，都在我为你建构完美之前就已经错过幻灭的时机。我为何可以异常冷静地看着你的一切，然后敞开心胸地说，"没错，你做什么都是对的"，这样的肯定呢？

我想，并不是因为认识你的日子等同于我认识爱情的日子，而是我真的感觉到，你一定就是那个了解我的人。

当然更不是因为后来你认识了那个肤浅而表面的我，而是因为，你真的认识你自己。

我可以大胆摆出歌迷好大的架子要对你说，偶像不必为了我的信任而忠于自我，也不必为了怕我失望而不敢背弃自己，当然可以为了生存做出深陷泥沼中的人也无暇思索的决定，也可以为了挥霍欢娱的代价自行负责，我不怕偶像拿他的人生惊吓我，我感激你曾经带着我的心逃离幽暗的那里，但我更感激你勇敢地接受你想要的一切。

即使是你每次出现身边都伴着不止一位年轻女孩，或曾不情愿地出现在医院里，还有一次醉醺醺地盯着我一首歌从头到尾眼睁睁瞎掰，更别说我唱着唱着你就躺平在舞台上的那晚……在绿岛深夜带我们去露天温泉当众裸泳……最可恶的是，要出一本书也不让我先看就要我写五百字……而且夺命连环地催稿还叮咛我千万不要乱写……

看你像永不凋谢的花朵恣意嬉笑，阳光下挥汗狂奔，搂抱着来来去去的友谊却仍不放弃，不间断地用作品为自己的生命刻印，引导众人酒神般地随灵魂起舞……

而我怎么能乱写呢？

亲爱的偶像：

我当然"永远永远"支持你！

身为你的歌迷，我愿意为你更改永远的定义，

这永远不会是自我欺骗成分居多的时间的长度，

我想会是自由心证的感情深度。

也请你永远地当我的偶像吧！

只要我有一天还崇拜着爱，崇拜着自由冒险和善良关怀，

我就会继续对你，表达着我的崇拜。

摘自：《9999 滴眼泪》

陈绮贞写给陈升

微　神

　　清明已过了，大概是；海棠花不是都快开齐了吗？今年的节气自然是晚了一些，蝴蝶们还很弱；蜂儿可是一出世就那么挺拔，好像世界确是甜蜜可喜的。天上只有三四块不大也不笨重的白云，燕儿们给白云上钉小黑丁字玩呢。没有什么风，可是柳枝似乎故意地轻摆，像逗弄着四外的绿意。田中的清绿轻轻地上了小山，因为娇弱怕累得慌，似乎是，越高绿色越浅了些；山顶上还是些黄多于绿的纹缕呢。山腰中的树，就是不绿的也显出柔嫩来，山后的蓝天也是暖和的，不然，大雁们为何唱着向那边排着队去呢？石凹藏着些怪害羞的三月兰，叶儿还赶不上花朵大。

　　小山的香味只能闭着眼吸取，省得劳神去找香气的来源，你看，连去年的落叶都怪好闻的。那边有几只小白山羊，叫的声儿恰巧使欣喜不至过度，因为有些悲意。偶尔走过一只来，没长犄角就留下须的小动物，向一块大石发了会儿愣，又颠颠着俏式的小尾巴跑了。

我在山坡上晒太阳，一点思念也没有，可是自然而然地从心中滴下些诗的珠子，滴在胸中的绿海上，没有声响，只有些波纹走不到腮上便散了的微笑；可是始终也没成功一整句。一个诗的宇宙里，连我自己好似只是诗的什么地方的一个小符号。

越晒越轻松，我体会出蝶翅是怎样的欢欣。我搂着膝，和柳枝同一律动前后左右的微动，柳枝上每一黄绿的小叶都是听着春声的小耳勺儿。有时看看天空，啊，谢谢那块白云，它的边上还有个小燕子呢，小得已经快和蓝天化在一处了，像万顷蓝光中的一粒黑痣，我的心灵像要往那儿飞似的。

远处山坡的小道，像地图上绿的省份里一条黄线。往下看，一大片麦田，地势越来越低，似乎是由山坡上往那边流动呢，直到一片暗绿的松树把它截住，很希望松林那边是个海湾。及至我立起来，往更高处走了几步，看看，不是；那边是些看不甚清的树，树中有些低矮的村舍；一阵小风吹来极细的一声鸡叫。

春晴的远处鸡声有些悲惨，使我不晓得眼前一切是真还是虚，它是梦与真实中间的一道用声音作的金线；我顿时似乎看见了个血红的鸡冠：在心中，村舍中，或是哪儿，有只——

希望是雪白的——公鸡。

我又坐下了；不，随便地躺下了。眼留着个小缝收取天上的蓝光，越看越深，越高；同时也往下落着光暖的蓝点，落在我那离心不远的眼睛上。不大一会儿，我便闭上了眼，看着心内的晴空与笑意。

我没睡去，我知道已离梦境不远，但是还听得清清楚楚小鸟的相唤与轻歌。说也奇怪，每逢到似睡非睡的时候，我才看见那块地方——不晓得一定是哪里，可是在入梦以前它老是那个样儿浮在眼前。就管它叫做梦的前方吧。这块地方并没有多大，没有山，没有海。像一个花园，可又没有清楚的界限。差不多是个不甚规则的三角，三个尖端浸在流动的黑暗里。一角上——我永远先看见它——是一片金黄与大红的花，密密层层！

没有阳光，一片红黄的后面便全是黑暗，可是黑的背景使红黄更加深厚，就好像大黑瓶上画着红牡丹，深厚得使美中有一点点恐怖。黑暗的背景，我明白了，使红黄的一片抱住了自己的彩色，不向四外走射一点；况且没有阳光，彩色不飞入空中，而完全贴染在地上。我老先看见这块，一看见它，其余的便不看也会知道的，正好像一看见香山，准知道碧云寺在那儿藏着呢。

其余的两角，左边是一个斜长的土坡，满盖着灰紫的野花，在不漂亮中有些深厚的力量，或者月光能使那灰的部分多一些银色，显出点诗的灵空；但是我不记得在那儿有个小月亮。无论怎样，我也不厌恶它。不，我爱这个似乎被霜弄暗了的紫色，像年轻的母亲穿着暗紫长袍。右边的一角是最漂亮的，一处小草房，门前有一架细蔓的月季，满开着单纯的花，全是浅粉的。设若我的眼由左向右转，灰紫、红黄、浅粉，像是由秋看到初春，时候倒流；生命不但不是由盛而衰，反倒是以玫瑰作香色双艳的结束。

三角的中间是一片绿草，深绿、软厚、微湿；每一短叶都向上挺着，似乎是听着远处的雨声。没有一点风，没有一个飞动的小虫；一个鬼艳的小世界，活着的只有颜色。

在真实的经验中，我没见过这么个境界。可是它永远存在，在我的梦前。英格兰的深绿，苏格兰的紫草小山，德国黑林的幽晦，或者是它的祖先们，但是谁又知道呢。从赤道附近的浓艳中减去阳光，也有点像它，但是它又没有虹样的蛇与五彩的禽，算了吧，反正我认识它。

我看见它多少多少次了。它和"山高月小，水落石出"，是我心中的一对画屏。可是我没到那个小房里去过。我不是被那些颜色吸引得不动一动，便是由它的草地上恍惚地走入另种色彩的梦境。它是我常遇到的朋友，彼此连姓名都晓得，只是没细细谈过心。

我不晓得它的中心是什么颜色的，是含着一点什么神秘的音乐——真希望有点响动！这次我决定了去探险。一想就到了月季花下，或也许因为怕听我自己的足音？月季花对于我是有些端阳前后的暗示，我希望在那儿贴着张深黄纸，印着个朱红的判官，在两束香艾的中间。没有。只在我心中听见了声"樱桃"的吆喝。

这个地方是太静了。小房子的门闭着，窗上门上都挡着牙白的帘儿，并没有花影，因为阳光不足。里边什么动静也没有，好像它是寂寞的发源地。轻轻地推开门，静寂与整洁双双地欢迎我进去，是欢迎我；室中的一切是"人"的，假如外面景物是"鬼"的——希望我没用上过于强烈的字。

一大间，用幔帐截成一大一小的两间。幔帐也是牙白的，上面绣着些小蝴蝶。外间只有一条长案，一个小椭圆桌儿，一把椅子，全是暗草色的，没有油饰过。椅上的小垫是浅绿的，桌上有几本书。案上有一盆小松，两方古铜镜，锈色比小松浅些。内间有一个小床，罩着一块快垂到地上的绿毯。床首悬着一个小篮，有些快干的茉莉花。地上铺着一块长方的蒲垫，垫的旁边放着一双绣白花的小绿拖鞋。

我的心跳起来了！我决不是入了复杂而光灿的诗境；平淡朴美是此处的音调，也不是幻景，因为我认识那只绣着白花的小绿拖鞋。

　　爱情的故事往往是平凡的，正如春雨秋霜那样平凡。可是平凡的人们偏爱在这些平凡的事中找些诗意；那么，想必是世界上多数的事物是更缺乏色彩的；可怜的人们！希望我的故事也有些应有的趣味吧。

　　没有像那一回那么美的了。我说"那一回"，因为在那一天那一会儿的一切都是美的。她家中的那株海棠花正开成一个大粉白的雪球；沿墙的细竹刚拔出新笋；天上一片娇晴；她的父母都没在家；大白猫在花下酣睡。听见我来了，她像燕儿似的从帘下飞出来；没顾得换鞋，脚下一双小绿拖鞋像两片嫩绿的叶儿。她喜欢得像清早的阳光，腮上的两片苹果比往常红着许多倍，似乎有两颗香红的心在脸上开了两个小井，溢着红润的胭脂泉。那时她还梳着长黑辫。

　　她父母在家的时候，她只能隔着窗儿望我一望，或是设法在我走去的时节，和我笑一笑。这一次，她就像一个小猫遇上了个好玩的伴儿；我一向不晓得她"能"这样的活泼。在一同往屋中走的工夫，她的肩挨上了我的。我们都才十七岁。我们都没说什么，可是四只眼彼此告诉我们是欣喜到万分。我最爱看她家壁上那张工笔百鸟朝凤；这次，我的眼匀不出工夫来。我看着那双小绿拖鞋；她往后收了收脚，连耳根儿都有点红了；可是仍然笑着。我想问她的功课，没问；想问新生的小猫有全白的没有，没问；心中的问题多了，只是口被一种什么力量给封起来，我知道她也是如此，因为看见她的白润的脖儿直微微地动，似乎要将些不相干的言语咽下去，而真值得一说的又不好意思说。

她在临窗的一个小红木凳上坐着，海棠花影在她半个脸上微动。有时候她微向窗外看看，大概是怕有人进来。及至看清了没人，她脸上的花影都被欢悦给浸渍得红艳了。她的两手交换着轻轻地摸小凳的沿，显着不耐烦，可是欢喜得不耐烦。最后，她深深地看了我一眼，极不愿意而又不得不说地说，"走吧！"我自己已忘了自己，只看见，不是听见，两个什么字由她的口中出来？可是在心的深处猜对那两个字的意思，因为我也有点那样的关切。我的心不愿动，我的脑知道非走不可。我的眼盯住了她的。她要低头，还没低下去，便又勇敢地抬起来，故意地，不怕地，羞而不肯羞地，迎着我的眼。直到不约而同地垂下头去，又不约而同地抬起来，又那么看。心似乎已碰着心。

我走，极慢的，她送我到帘外，眼上蒙了一层露水。我走到二门，回了回头，她已赶到海棠花下。我像一个羽毛似的飘荡出去。以后，再没有这种机会。

有一次，她家中落了，并不使人十分悲伤的丧事。在灯光下我和她说了两句话。她穿着一身孝衣。手放在胸前，摆弄着孝衣的扣带。站得离我很近，几乎能彼此听得见脸上热力的激射，像雨后的禾谷那样带着声儿生长。可是，只说了两句极没有意思的话——口与舌的一些动作；我们的心并没管它们。

我们都二十二岁了，可是五四运动还没降生呢。男女的交际还不是普通的事。我毕业后便做了小学的校长，平生最大的光荣，因为她给了我一封贺信。信笺的末尾——印着一枝梅花——她注了一行：不要回信。我也就没敢写回信。可是我好像心中燃着一束火把，无所不尽其极地整顿学校。我拿办好了学校作为给她的回信；她也在我的梦中给我鼓着得胜的掌——那一对连腕也是玉的手！

提婚是不能想的事。许多许多无意识而有力量的阻碍，像个专以力气自雄的恶虎，站在我们中间。

有一件足以自慰的，我那系在心上的耳朵始终没听到她的订婚消息。还有件比这更好的事，我兼任了一个平民学校的校长，她担任着一点功课。我只希望能时时见到她，不求别的。她呢，她知道怎么躲避我——已经是个二十多岁的大姑娘。她失去了十七八岁时的天真与活泼，可是增加了女子的尊严与神秘。

又过了二年，我上了南洋。到她家辞行的那天，她恰巧没在家。

在外国的几年中，我无从打听她的消息。直接通信是不可能的。间接探问，又不好意思。只好在梦里相会了。说也奇怪，我在梦中的女性永远是"她"。梦境的不同使我有时悲泣，有时狂喜；恋的幻境里也自有一种味道。她，在我的心中，还

13

是十七岁时的样子：小圆脸，眉眼清秀中带着一点媚意。身量不高，处处都那么柔软，走路非常的轻巧。那一条长黑的发辫，造成最动心的一个背影。我也记得她梳起头来的样儿，但是我总梦见那带辫的背影。

回国后，自然先探听她的一切。一切消息都像谣言，她已做了暗娼！就是这种刺心的消息，也没减少我的热情；不，我反倒更想见她，更想帮助她。我到她家去。已不在那里住，我只由墙外看见那株海棠树的一部分。房子早已卖掉了。到底我找到她了。她已剪了发，向后梳拢着，在项部有个大绿梳子。穿着一件粉红长袍，袖子仅到肘部，那双臂，已不是那么活软的了。脸上的粉很厚，脑门和眼角都有些褶子。可是她还笑得很好看，虽然一点活泼的气象也没有了。设若把粉和油都去掉，她大概最好也只像个产后的病妇。她始终没正眼看我一次，虽然脸上并没有羞愧的样子，她也说也笑，只是心没在话与笑中，好像完全应付我。我试着探问她些问题与经济状况，她不大愿意回答。她点着一支香烟，烟很灵通地从鼻孔出来，她把左膝放在右膝上，仰着头看烟的升降变化，极无聊而又显着刚强。我的眼湿了，她不会看不见我的泪，可是她没有任何表示。她不住地看自己的手指甲，又轻轻地向后按头发，似乎她只是为它们活着呢。提到家中的人，她什么也没告诉我。我只好走吧。临出来的时候，我把住址告诉给她——深愿她求我，或是命令我，做点事。她似乎根本没往心里听，一笑，眼看看别处，没有往外送我的意思。她以为我是出去了，其实我是立在门口没动，这么着，她一回头，我们对了眼光。只是那么一擦似的她转过头去。

初恋是青春的第一朵花，不能随便掷弃。我托人给她送了点钱去。留下了，并没有回话。

朋友们看出我的悲苦来，眉头是最会出卖人的。她们善意地给我介绍女友，惨笑地摇首是我的回答。我得等着她。初恋像幼年的宝贝永远是最甜蜜的，不管那个宝贝是一个小布人，还是几块小石子。慢慢的，我开始和几个最知己的朋友谈论她，他们看在我的面上没说她什么，可是假装闹着玩似的暗刺我，他们看我太愚，也就是说她不配一恋。

他们越这样，我越顽固。是她打开了我的爱的园门，我得和她走到山穷水尽。怜比爱少着些味道，可是更多着些人情。不久，我托友人向她说明，我愿意娶她。我自己没胆量去。友人回来，带回来她的几声狂笑。她没说别的，只狂笑了一阵。她是笑谁？笑我的愚，很好，多情的人不是每每有些傻气吗？这足以使人得意。笑她自己，那只是因为不好意思哭，过度的悲郁使人狂笑。

愚痴给我些力量，我决定自己去见她。要说的话都详细地编制好，演习了许多次，我告诉自己——只许胜，不许败。

她没在家。又去了两次，都没见着。第四次去，屋门里停着小小的一口薄棺材，装着她。她是因打胎而死。一篮最鲜的玫瑰，瓣上带着我心上的泪，放在她的灵前，结束了我的初恋，开始终生的虚空。为什么她落到这般光景？

我不愿再打听。反正她在我心中永远不死。

我正呆看着那小绿拖鞋，我觉得背后的幔帐动了一动。一回头，帐子上绣的小蝴蝶在她的头上飞动呢。她还是十七八岁时的模样，还是那么轻巧，像仙女飞降下来还没十分立稳那样立着。我往后退了一步，似乎是怕一往前凑就能把她吓跑。这一退的工夫，她变了，变成二十多岁的样子。她也往后退了，随退随着脸上加着皱纹。她狂笑起来。

我坐在那个小床上。刚坐下，我又起来了，扑过她去，极快；她在这极短的时间内，又变回十七岁时的样子。在一秒钟里我看见她半生的变化，她像是不受时间的拘束。我坐在椅子上，她坐在我的怀中。我自己也恢复了十五六年前脸上的红色，我觉得出。我们就这样坐着，听着彼此心血的潮荡。不知有多么久。最后，我找到声音，唇贴着她的耳边，问：

"你独自住在这里？"

"我不住在这里，我住在这儿。"她指着我的心说。

"始终你没忘了我，那么？"我握紧了她的手。

"被别人吻的时候，我心中看着你！"

"可是你许别人吻你？"我并没有一点妒意。

"爱在心里，唇不会闲着；谁教你不来吻我呢？"

"我不是怕得罪你的父母吗？不是我上了南洋吗？"

她点了点头，"惧怕使你失去一切，隔离使爱的心慌了。"

摘自：老舍短篇小说《微神》

请卑微地生活吧

2000 年的时候，笔记本电脑远未普及，尤其是在印度这样一个并不算太发达的国家。所以，在维威克·普拉丹打开行李箱，取出笔记本电脑准备挤时间工作的时候，旁边的男人羡慕地盯着他的电脑。

维威克·普拉丹不是一个快乐的人，甚至火车的空调车厢都不能安抚他急躁的神经。尤其是身边的男人一脸羡慕地靠过来的时候，令他更加有些恼火——他不想被打扰。他已经升到项目经理的位置，却不能享受坐飞机的待遇。他已经同老板多次交流过，自己并不虚荣，而是为了节省时间。作为项目经理，他有太多事情要处理，去目的地的车程有十几个小时，他不想浪费这段宝贵的旅途时间。

"先生，你从事软件开发行业吗？"靠过来的男人终于忍不住发问了。

维威克瞟了对方一眼，然后以夸张的姿态护住电脑，仿佛他护着的是一辆价值不菲的轿车。

"先生，你们这样的人促进了社会进步。现在都计算机化了，真方便。"

"谢谢。"维威克冲男人笑了一下。尽管不愉快，但他总是很难拒绝赞美。对面的男人有点年轻，肌肉结实得像运动员。不过，他着装简便，却不合时宜地坐在豪华车厢。或许他是铁路工作人员，正免费享受乘车的便利吧。

"像你这样的人让我感到好奇。你们坐在办公室里，然后在电脑里写些程序，却给外面的世界带来如此大的变化。"男人继续说。

维威克假装笑了一声，天真的言行需要的是解释而不是愤怒。"朋友，事情可不像你想的那么简单，这不是写几行程序就能办到的事情。背后的工作任务十分艰巨。"话说到这个份儿上，维威克很想把整个软件开发过程向年轻人好好描述一番，不过他克制住自己，只简单地浓缩成一句"非常、非常复杂"。

"这是当然，要不然你们的薪水也不会那么高。"对方回答。

维威克完全没料到他会这样回答，他原本还算平复的情绪一下子爆发了："你只看到钱，却看不到我们流下的汗水。大家对'辛苦'的概念理解得太狭窄。我坐在有空调的办公室里并不代表我不会流汗。你锻炼体力，我锻炼脑力。而且我一分税钱也没少交！"

"我给你举个例子吧。拿这辆火车来说，全部的火车售票系统都需要电脑控制，所以你可以定制任何两个站点之间的车票。成千上万的交易都要访问同一个数据库。还要考虑数据的完整性、安全性等。你能理解设计这样一个系统的复杂性吗？"维威克激动地说道。

年轻人像一个在天文馆参观的孩子，惊愕地张大嘴巴说："你设计并调试了这个系统？"

"我过去干这个事情。"维威克停顿一下，"但是现在我当上了项目经理。"

"噢。"年轻人长舒一口气，仿佛风暴刚刚过去，"你现在的生活应该轻松一点了吧？"

难道炉火比饭锅更重要？维威克简直要抓狂了。"听着，伙计。你爬得越高，责任越重！设计、编写程序是最容易的部分。虽然我不做这些，但是这些事情由我负责管理！我承受着你难以想象的压力。客户会经常提出新要求，时间紧迫，任务艰巨！"

维威克突然不说话了。他为什么要对一个"天真无邪"的孩子诉苦呢？他为什么对别人的愚昧生气呢？"朋友。"他炫耀似的说道，"你并不理解身在战场的滋味。"

年轻人向后靠着座位，合上眼，仿佛沉思着什么。过了好长一段时间，他突然打破了沉默。"不，先生，我知道身在战场的滋味。"他的目光空洞，周围的乘客似乎都消失在他的视野中。

"那天晚上，上级命令我们30个人占领4875高地。敌人在山顶上猛烈地开火，谁也不知道子弹从哪来，朝谁去。黎明的时候，我们把胜利的旗帜插上山峰，但是还剩下4个人……"

"你是一位……"

"是的，我不久前刚从卡吉尔战争的战场上下来。他们告诉我，我已经完成任务，可以换一些更安全的工作。但是请告诉我，先生，一个人能为了更舒适的生活而放弃自己的职责吗？就在那次战斗的黎明时分，我的一个战友倒在雪地里，他完全处于敌人的军火扫射之下。我有义务把他拖到一个更安全的地方。可是上尉拒绝我的请求。他说，作为一个军队领导，祖国的安全高于一切，其次是战士的安危，最后才是他个人的利益，所以挺身而出的应该是他。不幸的是，上尉中弹身亡了。他挡住了许多本来奔向我的子弹。每天清晨，当我站岗时，眼前总会浮现他冲上去的那一幕。先生，我知道身在战场的滋味。"

维威克怀疑地看着他。突然之间，他关闭了电脑。他忽然觉得，在这样一个为职责而奋斗的人面前显摆自己的功绩是多么可笑。

火车慢慢减速。年轻人取下行李，准备下车了。

"遇见你很高兴，先生。"

维威克同年轻人握了握手。这双曾爬过高耸的山峰，让胜利的旗帜高高地飘扬的手是多么有力啊！这时，年轻人立正站定，向维威克郑重地敬了一个礼。至少，这是他认为自己唯一能为国家所做的事情。

请卑微地生活吧，因为你身边随处都有一个人比你更伟大，更值得你学习。

来源：豆丁网

为深爱的你好好长大

这些天来，我始终在想着，这是你的生日。

多少个无法计数的深夜，我靠着台灯的光芒，一本书、一杯白开水来度过。等待对许多人来说似乎已经蹉跎到微不足道的地步，只是对于我而言，就像是压着的重担。就着夜色，烦躁之时也只能看看时钟上疾走的时间，一分一秒，一捧一捧地消融成水，继而汇成素寡的河。揉了下眼睛，关了台灯躺下。我一遍一遍地重复着类似的动作，时间快快地走，又重新走到去年我着手帮你准备生日。似乎昨日的我总是懊恼着，对于你生日这样重要的事，却没有最好的礼物能拿得出手。

那日我在时文里又看到那句旧的只能在角落里蒙尘的句子：家，心的港湾。它确实是在我心里的角落蒙上厚重的尘埃，光泽尽失。旁人若问我近况如何，不经考虑就能脱口而出，还好。不对它做出评价，所有光暗都未知可否。与旁人打闹之余，也只想着要快快走完这一生。一部旧电影里曾说，一秒钟就能想完我们的一生。太过单调，颜色尽失。更不必提及光芒。你问我好不好，我又怎样开口向你描述途径的苍白。

当然，我也未曾想过要承认这样的生活覆灭过我所能衍生出的希望。承认生活带给我的灾难，对于我而言，倒像是在颈上缠上细密的铁丝，一拉紧，瞬间窒息而亡。不认输不绝望不灰心不难过，是我唯一能够善待自己的方法。偶尔想过是否能够当一回逃兵，既然生命太过漫长，为何我偏偏不能虚度。只是未做出决定，便又让另一个信念覆盖。你是军人，而她又生得明艳偏执，我作为女儿，理应过得铮铮。

在提笔写文章给你的时候，告诫自己不能提及喑哑的过往。这些时日以来我在人前谈笑风生，夜深人静时关掉灯光与内心对谈。若说没有眼泪，显得牵强。只是我并不需要用泪水来博取怜悯，若以此换得他人怜悯，才是对我最大的伤害。那次我敢于在你面前流泪，倒不是因为有多难过，而是因为你对我说，对不起，从你出生就把你丢在姥姥身边，没能给予你应有的父爱、母爱。感动多过悲情。你低头认错，我哭得淋漓，伤得痛彻，却爱得深刻。

这样一来，我倒像是那条街上的游魂，而她是唯一闻到我的人。

昨天晚上我又失眠了，做梦了，那梦境太过真实，我醒来后呆坐在床上，好长一段时间无法整理心绪。热爱，深爱，挚爱，通通都被自己辜负。如今的我，万分告诫自己，不如当作浮云，落得清闲自在。要有多心酸呢，似那只晚归的苍鹭，眨眼白了头。

光本是极美的，眼见日光也是可悦的。既是活在当下，我也没有什么好抱怨的。我有她，已经足够。我所敬爱的姥姥，是一夜伤心和绝望、一身疲惫和伤痕之后，照样起床，养育时时让她难过的我。她在我身边，在任何时间里，我都看得到，她所付出的温暖。我走过会流动的风和水，还是会回到她身边。而姥姥，是我这一生唯一想要停靠的日光城。

有许多话，我只是不曾和你提起。我多爱姥姥，这些无谓的言谈远远无法比拟。那是在我远行的路途中，在小憩的旅店里，在落单的街道，在大雨倾倒的城市里，在这颗深蓝色孤独的星球上，在任何一段莫名的时空里，都能够闻见的爱与想念。只是缄口不提，想必应了那句，爱之于我，不是肌肤之亲，不是一蔬一饭，它是一种不死的欲望，是疲惫生活中的英雄梦想。我却能承认，她爱我远远胜过热爱自己的生命，在她的衣襟上记录着我少年时的芬芳。

来源：豆丁网

海之馆的比目鱼

1

岛田岛尾，二十二岁，在阿卡西亚西餐馆干活。从站前的交叉点往右拐，第三家，就是房顶上装饰着巨大的鸡的那家西餐馆，在厨房里，洗盘子洗菜，从早干到晚。

从童年起，就特别喜欢烹饪和美食，就想成为一个够格的厨师。十六岁那年，一个人来到了这座小镇。以后的日子里，岛尾就一直住在这家餐馆狭窄的阁楼上，拼命地干活。不管是别人怎么讨厌的活儿，都高高兴兴地去干。每天早上，从剁堆积如山的洋葱头开始干起，洗盘子洗锅，擦水池子，连倒垃圾也是他的活儿。

可尽管这么干，岛田岛尾还是一个最低等的下手。

阿卡西亚西餐馆，除了岛尾之外，还有五位厨师。全都戴着一样的白帽子，穿着浆得笔挺的白制服。可是，和岛尾同岁的山下君，老早就担任起煎蛋卷的活儿了，比岛尾不知道要晚进来多少的冈本君，也让他一个人烧汤了。可唯有岛尾永远只能打下手，大概是因为他没有烹饪学校的毕业证书吧？再有，或许就是他这个人太老实、死心眼儿，不会讨好别人了。

也可以说是运气不好。岛尾的厨师长是一个心术极端不正的人，烹饪的窍门一个也不教。就连让他尝一口锅里剩下的汤，都不愿意。可当岛尾失败的时候，却会说出这样的话来："你干脆辞职算了。你要是不被海之馆的比目鱼看上，就甭想成为一个够格的厨师！"

一直相信在这个世界上，只要忍一忍，拼命干活，怎么也能成功的岛尾，这段日子，是彻底地一蹶不振了。

这样下去，也许我这一辈子也翻不过身来了……

因为心灰意冷地干活，这段日子，岛尾不是伤了手指、打碎了杯子，就是弄翻了调味汁的锅。而每当这个时候，厨师长就会狠狠地臭骂岛尾一顿，同事们也会说他的坏话。

"这人可真是一个废物啊！"一天，冈本君一边把柠檬切成月牙形，一边讥讽道。

"真是的。脑袋不会拐弯的家伙，再怎么不顾一切地干活，也是没用啊。越是拼命，越是失败哟。"

山下君帮起腔来，声音大得整个厨房都可以听到。厨师长装出什么也没有听见的样子，吹着口哨。

实在是太气人了，岛尾的脸涨得血红血红。他强忍住泪水，弯腰打扫着洒了一地的调味汁。

不在这家店干了吧，不干了，重找一家，重新干起吧……对，就在他心里决定了的一刹那，有谁说道："忍一忍、忍一忍。"

"唉？"

岛尾站起来，朝四周扫了一圈，可是谁也没有和岛尾说话。听到的，只有换气扇的呜呜声和锅里的油的声音。岛尾又弯下腰，拿起了抹布。

于是，又响起了细小的声音："我会帮你的，请在这里再忍受一下。"

这声音，怎么这么像死了的父亲呢？岛尾正想着，发现一条比目鱼躺在水池下面的一块冰上头。不，是与比目鱼的眼珠子相遇了。天啊，比目鱼竟还活着。它那小小的眼珠子，黑亮亮的，嘴巴吧唧吧唧地动着。从那张嘴巴里，比目鱼说出了这样的话来："我马上就要被烹饪、吃掉了，可是，即便是只剩下了骨头，我也还是活着的。所以，请不要把我的骨头扔进垃圾桶里。如果好好珍惜我的骨头，我一定会帮你的。我一定会引导你到自立门户那一天。"

"……"

岛尾吃了一惊，抹布掉到了地上。然后，放低了声音："珍惜骨头，是……"

刚开了一个头，比目鱼干脆地回答道："也就是说，请把我的骨头送回到水里。"

"送回到水里？"

"是。就是放到杯子里也行。最好能倒上满满一杯子的海水，如果办不到，请倒上盐水。明白了吗？要是明白了，就去那边干活吧！瞧呀，莫内沙司已经准备好了。该轮到我出场了。"

这时，厨师长吼了起来："岛田君，地你要擦到什么时候去呀？快点把那里的比目鱼拿过来。"

岛尾的肩膀头哆嗦了一下，揪住比目鱼的尾巴，拎到了水池。厨师长一边用水冲比目鱼，一边大声地问："菠菜洗了吗？"

"是，洗过了。"

岛尾答道，一张脸紧张得认真过了头。接着，他把盐、胡椒和烈性的白葡萄酒拿到了案板上。烤炉已经达到了160度的热度。烤盘上也涂上了黄油。

岛尾在案板的边上，一边剁荷兰芹，一边在心里一遍遍地重复着刚才比目鱼的话。

"岛田君，剁完荷兰芹，去把土豆的皮削了。"

冈本君在后面喊。山下君接着说："快点干呀。虾还没准备好吧？今天是星期天格外忙，不麻利点不行啊！"

"知道了，知道了。"

岛尾点点头，不停地干着。一边洗着满是泥土的土豆，岛尾一边还是在心里重复着比目鱼的话："自立、自立。"

顿时，心头就不可思议地明朗起来了。削土豆皮的时候也好，剥小虾的壳的时候也好，岛尾一直留心着刚才的那条比目鱼。从比目鱼被撒上盐和胡椒，装到烤盘里，一直看到最后被浇上沙司，放到了烤炉里。

不一会儿，裹着一层淡茶色沙司的比目鱼烤好了，被从烤炉里取了出来。岛尾心怦怦地跳着，目送着它被盛到一个白色的大盘子里，撒上荷兰芹，消失在了客房里。

好了，这后面才是正式开始，岛尾想。对于岛尾来说，比目鱼的盘子从客房里端回来，是何等的漫长。

一边洗着脏了的切菜板、锅和碗，岛尾一边时不时地偷看一眼连接着客房的门。大约三十分钟左右，脏了的餐具一下子被端了回来。岛尾跑上去，从里头把那条比目鱼的骨头找了出来，飞快地用抹布包住，塞到了口袋里。

没想到白制服的大口袋那么大，岛尾暗暗地感谢起它来了。因为比目鱼的骨头，就那样头连着尾巴，被整个装在了口袋里。

2

这天夜里，工作彻底结束了之后，岛尾跳着爬上了阁楼的楼梯。

岛尾一个人住在阁楼斜顶的小房间里。阿卡西亚西餐馆其他的厨师，全部通勤，住在店里干活的，只有岛尾一个人，因此岛尾还兼任着餐馆看门人的职责。店经理总是说他："锁门是你的工作啊！"

往一个大玻璃杯子里，倒满了清水，又把从厨房偷偷拿来的一撮盐，放到了水里，岛尾这才像举行什么肃穆的仪式似的，慢慢地把鱼骨头从口袋里掏了出来。

"比目鱼！"

打开抹布，岛尾轻轻地唤道。

"比目鱼，杯子准备好了哟。把你送回水里去了哟。"

一边说，岛尾一边把比目鱼的骨头从尾巴开始，轻轻地放到了水里。已经被烤死了的比目鱼的白眼珠子，一到水里，立刻就炯炯放光了，这让岛尾吓了一跳。比目鱼的嘴，又静静地动了起来，说：

"啊啊，终于起死回生了。"

只听岛尾问道：

"盐的浓度怎么样？和海水大不一样吧？"

只剩下了骨头的鱼说：

"唉，这种地方，也是没有办法的事。等有一天我的任务完成了，请把我送回到大海。"

"任务？"

"哎呀，忘了可不行呀。刚才不是已经说过了吗？我要让你成为一名够格的厨师，拥有一家自己的店！"

"可，这样的事……真的能行吗……我，还是个下手……"

一看岛尾的脸阴沉下来了，比目鱼眼珠子闪闪发光地说：

"我啊，刚才在厨房的冰上看见你干活的样子，一下就喜欢上了。正直、认真，这比什么都强。这样的人还总是被人伤害，实在是让我忍无可忍……"

岛尾的胸口突然热了起来。已经有好久，没有听到过这样热情的话了。比目鱼眺望着窗外黑暗的夜空，继续说了下去："我会想方设法引导你到自立门户的那一天。那之后，就要靠你自己了。"

岛尾恭恭敬敬地点了点头。比目鱼说：

"首先，要拥有一家自己的店。最好是带一个用起来方便的厨房的小店。"

"店！"

岛尾怔了一下，禁不住大声叫了起来。

"我、我没有那么多钱呀！知道吗？我的财产，只有这么多啊！"

岛尾从壁橱的大皮箱里拿出一个存折，翻开给它看。从进这家店工作以来，拿到的薪水，岛尾一分都没有乱花过，全部都存在这里了，可这也不够拥有一家店的钱啊！可鱼却满不在乎："不用担心。"

鱼说："拿着它，到梧桐街三十八号去一趟。这会儿，那里有一家店出售。那是一家西餐馆啊。掌柜干得腻烦了，正要卖掉它哪。你把所有的存款都交给掌柜，剩下的，告诉他明年一定还给他。"

“不可能这么简单呀！”岛尾噘起了嘴。这个世道艰难的世界，又有谁会去听一个孤独的年轻人的不足挂齿的愿望呢？岛尾叹了一口气，鱼突然发出了可怕的声音：“如果你不相信我，就什么也实现不了。”

它的眼珠子射出了严厉的光，岛尾慌忙地连连点了几下头。鱼严厉地低声继续说：“万一不行，你就对店主说一句话试一试，你就说‘有海之馆的比目鱼跟着我哪，绝不会让您吃亏’。”

岛尾悄悄地把鱼的话重复了一遍。

“有海之馆的比目鱼跟着我哪，绝不会让您吃亏……”

于是，不可思议的是，岛尾的心彻底地明朗起来，力量倍增。他有一种感觉，一切都会如愿以偿的。

这天夜里，岛尾是一遍一遍地重复着比目鱼的话才睡着的。

3

第二天晚上，厨房的工作全都结束了之后，岛尾出发去梧桐街。上衣里面的口袋里，装着中午休息时从银行取来的钱。

“梧桐街三十八号。”岛尾嘟囔着。

过了晚上 9 点，梧桐街上的人就稀稀拉拉的了。只有酒吧的霓虹灯闪烁着红光，从下到地下的窄窄的台阶下面，传来了醉鬼的吵嚷声。岛尾小心地走在路上。一座建筑的前面，飘动着一张写着“出售店铺”的白纸。是一座有着雅致的茶色门、西餐馆风格的房子。

"就是这里，就是这里。"

岛尾轻轻地敲响了那扇门。

没有回音，岛尾又敲了一次。这回从里头传来了开锁的声音。一个秃头的胖男人探出头来。

"这店，是要出售吧……"

岛尾结结巴巴地问。胖男人点点头。

"那么，请一定让给我。我虽然现在还在阿卡西亚西餐馆工作，但我想，我很快就会独立的。"

"嗬，阿卡西亚西餐馆，那可是一流的！"

男人把门开大了一点，让岛尾进到了自己的店里。

这确实是一家又旧又小的店，但桌子也好、椅子也好、灯光也好，却都挺有品位的。岛尾在距离门口最近的一把椅子上坐了下来，把装着钱的信封，从口袋里掏了出来，一口气说道："我今天只拿来这么多钱，剩下的，我明年一定还清，请把这家店卖给我吧！"

"……"男人愣在那里，死死地盯住了岛尾的脸。

"突然这么一说……"然后，撇了一下嘴，不过马上就改变了主意，问："那么，你带来了多少钱呢？"

于是，岛尾回答道："这是我在阿卡西亚西餐馆拿到的六年的薪水。请您数一下。"

男人勉强把信封里的钱抽了出来，开始数起来。还没全部数完，就说："这也差得太多了。什么剩下的明年还，我才不会上当受骗呢。"

于是，岛尾深深地吸了口气，把昨天鱼教给他的那句话，一口气吐了出来："有海之馆的比目鱼跟着我哪，绝不会让您吃亏。"

于是，怎么样了呢？男人的脸顿时就变得惨白，然后眼看着又变红了。

"你说什么……"呻吟似的低声咕哝了一句，男人目不转睛地盯住了岛尾的脸，"你认识海之馆的比目鱼？"

岛尾点点头。男人这回靠得住似的看着岛尾："你可真不得了！"

他说："海之馆比目鱼的传说，还是很久很久以前，从我爷爷那里听到过。说那是一条几百年才能到手一次、有魔力的鱼。一条再怎么死，还能起死回生的了不得的鱼。被它看中的人，就是一个幸运儿了。你可真不得了……让我也沾沾你幸运的光吧！"

男人一个人兴奋得哇啦哇啦够了，从里头的房间里，拿出了笔和文件。

"我好歹也算是一个厨师。就让我相信海之馆的比目鱼一回，把这家店卖给你吧！剩下的钱，来年还给我就行。好了，请在这里签名。"

就这样，转眼之间，岛尾就到手了一家店。

气喘吁吁地回到房间里，岛尾把这事对杯子里的比目鱼说了，想不到比目鱼满不在乎地说："那么，接下来的，就是下面的工作。"

"……"

"你已经有一家店了，所以从现在起，你必须抓紧时间学会烹饪。你必须有一份别的西餐馆没有的、让人拍案叫绝的菜单。你听好了，从现在起，每天晚上我都会教你做法，请努力听好。而且，学会的菜，要立刻试着做一遍。"

"可是……到底在什么地方……"

岛尾犹豫起来。他怎么也不敢想象擅自使用阿卡西亚西餐馆的厨房。这时比目鱼说：

"你在说什么哪。你的店不是刚刚到手吗？那里不是有厨房，还有锅，有菜刀，一切必要的东西都备齐了吗？听好了，这回一拿到薪水——正好是明天——马上就用它去买烹饪的材料。然后把它们悄悄运到你自己的店里，在半夜里练习。一开始，请照我教的去做。火候呀分量呀，丝毫也不能马虎。因为最后一匙盐、一滴葡萄酒，就会让菜变味。暂时要忙上一阵子了，没有时间睡觉，也没有时间休息。"

岛尾默默地点了点头。

4

从接下来的那个晚上起，岛尾的学习开始了。

比目鱼在杯子里，不停地吧嗒着嘴，教给岛尾各式各样的烹饪方法。还不仅是阿卡西亚西餐馆常常使用的鸡、虾和牡蛎的菜。比方说，像什么蛙腿冷盘啦，什么海龟汤、野鸭橘子沙司、烤云雀以及馅饼皮包鲑鱼之类的菜，等等。

这些菜的做法，比目鱼一天晚上只讲一种，又说得特别详细，所以岛尾必须全神贯注地用本子记下来。而且，比目鱼一讲完，他立刻就得抓起那个本子，到梧桐街的店里去把学到的菜试着做一遍。

岛尾格外的认真。火候、水的多少、盐的咸淡，甚至连撒胡椒的样子都绝不马虎。

就这样，经过这样全神贯注、连鼻歌都不哼一声的练习，岛尾的技艺大有长进。而且，只那么几天，就成为一个技艺超群的厨师了。也许说不定，阿卡西亚西餐馆的厨师长都不在话下了呢！

可是，岛尾绝不狂妄自大。不但不在同事面前炫耀自己的技艺，反而和以前一样，继续任劳任怨地干着下手的活儿。

除了干活还是干活，没有时间睡觉，也没有时间休息，已经快要倒下来了——

说实话，岛尾有点瘦了。脸色也不好，还时不时地头晕。

"你可真是一个拼命的人呀。而且，还是个正直的人。白天黑夜，都那么努力，真让我喜欢啊！"

一天晚上，比目鱼这样说道。然后，这回又把从材料的采购方法、菜单的摆法、葡萄酒和甜点的选择方法到桌子上花的装饰方法，都详详细细地教给了他。

就这样，当鱼的"讲义"全部讲完了的时候，鱼静静地说：

"你真努力啊！到此，独立的准备就算基本上完成了。开店还有些日子，先休养一下身子。每天晚上睡足足的，攒下力气。"

岛尾长舒了一口气，点点头。鱼像是想起了什么，说出这样的话："不过，我还要为你做一件事。"

"什么事呢……"

"你必须娶一个媳妇。找一个开朗、性情温和而又能干的女孩，结婚呀！"

"……"

"西餐馆说到底，毕竟是接待客人的生意啊，菜的味道再怎么好，没有一个和蔼可亲的女主人，也是不行。"

确实如此，岛尾想。可这样的女朋友，岛尾连一个也没有。

"这可太难了。"岛尾嘀咕了一句。鱼的目光变得柔和起来了："不，这回到白桦街去一趟吧。"

鱼说："白桦街，对了，就是银行的隔壁，不是有一家点心店吗？它的地下，是间小小的咖啡店。那里，一直有一个弹钢琴的女孩。是个穿着蓝色的衣服、非常可爱的女孩。我觉得那样的女孩，和你特别般配。"鱼的眼睛，仿佛能够看到那个女孩的模样似的。

"喂，明天就去看看吧！"鱼这么劝他道，可是岛尾还是犹豫不定。这样的女孩，真的会喜欢上自己吗？他非常担心。

"过几天……去看看。"

岛尾小声回答。但是好些天过去了，岛尾也没有去。

比目鱼用一条条古老的谚语，像什么"趁热打铁"、什么"当行即行"，催促要永远犹豫下去的岛尾。

终于有一天，岛尾想去白桦街了。

5

这天，是阿卡西亚西餐馆的定休日。岛尾穿上往常不舍得穿的衬衫，系上了领带。鞋，也拣了一双最漂亮的穿上了。然后，心神不定地走上了白桦街，在银行的隔壁，他找到那家陈列着精美点心的点心店。接着，他顺着边上窄窄的楼梯走了下去，正如比目鱼所说，有一家咖啡店。

暗淡的小店里，静静地流淌着钢琴的乐曲声。听上去，海浪一样的声音是那么的亲切而宜人。

弹钢琴的，是一个穿连衣裙的女孩。连衣裙的领子上，镶着花边。上面是一头乌黑的长发。岛尾在角落的一个座位坐下了，他想：蓝色的虞美人草一样的人。

要了一杯红茶，岛尾听着女孩弹钢琴。出神地听了一遍又一遍。结果，红茶都换了三回。但岛尾却始终没有勇气从座位上站起来，走到女孩的身边。

每逢休息日，岛尾就去那家咖啡店。然后，就坐在角落的座位上喝着同样的红茶，听着同样的钢琴奏鸣曲。

"怎么样了？和弹钢琴的女孩好起来了吗？"一天晚上，比目鱼问岛尾。岛尾默默地笑了。

"说过话了吗？"

岛尾摇了摇头，小声这样说："我只要听着她的钢琴，就足够了。"

"这怎么行！"鱼像斥责他似的说："拿出勇气来，去面对面接触一下啊。不这样，就失去机会了。"

"……"

"我教你一个好办法吧。烤一个可爱的馅饼。做法嘛，我上次已经教给你了。用新鲜的鲑鱼、蘑菇和香草。作料呢，是使它看上去好看的黑胡椒和盐。你要把它烤成一条小鱼的形状，用白色的餐纸包上，再扎上一条银色的丝带。等钢琴弹完了，悄悄地送过去。"

岛尾的眼睛放光了。论烹饪，他是不会输给别人的。于是，立刻就跑到了梧桐街自己的店里，一心一意地烤起馅饼来了。剁黄油的时候也好，揉面的时候也好，岛尾都在哼着那首钢琴奏鸣曲。

然后，接下来的那个休息日，岛尾带着这个烤好了的赏心悦目的小馅饼去咖啡店了。等往日那首钢琴奏鸣曲结束了，蓝衣女孩从钢琴前面站起来的时候，岛尾跑上去递了过去："是我烤的馅饼。请尝一尝。"

因为拿来的是自己擅长烤的馅饼，岛尾充满了自信，话也说得流畅。蓝衣女孩头一次凝视着岛尾，花一样地笑了。

就这样，岛尾和蓝衣女孩终于说起话来了。

女孩说她的名字，叫蓝。

"是大海颜色的名字啊！"那一声喃喃细语，一直回响在岛尾的耳畔。

岛尾为蓝烤了各式各样的馅饼。他以比目鱼教的方法为蓝本，在种种烤法上着实动了一番脑筋，做出了好几种谁也没有见到过的漂亮的馅饼。

比方说，像什么野鸡肉馅的星星形状的馅饼，蘑菇馅的树叶形状的馅饼，南瓜馅的心形状的馅饼。

蓝每次接过这样的馅饼时，脸颊都会泛起一层玫瑰色，说："看起来很好吃。"

然后有一天，岛尾终于横下一条心，对女孩开了口："喂，和我结婚吧，过几天，我就要有一家小店了。我们一起开这家店吧！"

蓝睁大了眼睛，定睛凝视着岛尾。因为这实在是太突然了，她一句话也说不出来了。于是，岛尾干脆直截了当地说：

"有海之馆的比目鱼跟着我哪，绝不会让你不幸的。"

"海之馆的比目鱼……"

女孩惊叫起来。然后她说："最近这段时间，我每天晚上都梦见鱼。一条有着不可思议的眼睛的大比目鱼，总是到我这里来，对我说：'要成为你丈夫的那个人，就要来了。那个人，肯定会让你幸福的。'啊啊，那个梦是真的啊……"

就这样，蓝答应了岛尾的求婚。

好了，这下愿望全都实现了。岛尾有了一家店，学会了出色的烹饪技艺，而且，还找到了一个可爱的新娘子。

和蓝两个人吃了一顿美味的晚餐，海阔天空地聊着，在白桦街、梧桐街和阿卡西亚街散完步之后，岛尾一个人回到了自己的房间。

放轻脚步回到阁楼，岛尾走近窗边的杯子，对比目鱼说："谢谢你，比目鱼。我们终于订婚了。"

比目鱼的眼睛里充满了慈爱，点了点头。

"太好了。我的工作，也就到此结束了。从今往后，就要靠你自己的力量了。说是说自立门户了，但还远着哪。借了那么多的钱不说，靠自己的力量开一家店，辛苦是免不了的啦。但是，只要正直、认真地干下去，肯定会好起来的。万一怎么也撑不下去的时候，就回忆一下海之馆的比目鱼的事情吧。我会远远地守护着你们。"

刚一说完，比目鱼的眼珠子眼瞅着就变白了，变成了死鱼的眼睛。

岛尾立即就辞去了阿卡西亚西餐馆的工作。

然后，和蓝举行了简朴的婚礼，搬到了梧桐街的新店。

新店开张的准备一结束，两人就去了一趟大海。

当然，是为了把那条比目鱼的骨头送回大海。

两个人划着一条小船，出海去了。然后，把用雪白的餐纸包着的骨头放到了海水里，在心里说了一声"谢谢"。

摘自：《少年文艺（上旬版）》2003

你是否也有过这样一件关于爱的小事

1. "今天，丈夫葬礼结束后的第三天，我收到了一束鲜花，那是他在一周前订好的。花里的便笺条上写着：就算是癌症赢了，我也想让你知道，你一直是我的梦中情人。"

2. "我把一条本来要发给丈夫的短信错发给了爸爸，那条短信上写着'我爱你'。几分钟后，我收到了爸爸的回信：'我也爱你。你的老爸。'我突然很感动。我和爸爸几乎不说这样的话。"

3. "我的拉布拉多21岁了，她几乎站不起来，也几乎看不见、听不见，甚至都没有力气汪汪叫了。可是，这些都没能阻止她在我每次进屋的时候，摇摇尾巴。"

4. "我88岁的外婆和她17岁的猫咪都失明了。外婆的狗狗一直在家里为她引路，这很正常。但最近，狗狗也开始为猫咪引路了。每次猫咪喵喵叫时，狗狗就会起身，跑去蹭蹭猫咪，然后猫咪就会跟着狗狗去吃饭、去猫砂盆、去舒服的地方打盹……"

5. "今天，爸爸发现我的妹妹被囚禁在一个仓库里，她还活着。五个月前，妹妹在墨西哥城附近被绑架。几周之后，当局就放弃了对妹妹的搜救。我和妈妈也放弃了，在上个月为妹妹举办了葬礼。所有的亲人和朋友都来参加了，除了爸爸。爸爸还在寻找妹妹，他说自己没办法放弃。现在，妹妹回家了，因为爸爸从未放弃。"

6. "我爸终于来见我了。我打开门，看到他含着眼泪站在那里，然后给了我一个大大的拥抱说：'对不起，儿子，我爱你。'"

7. "我爷爷 75 岁了，因为白内障失明了 15 年。有一天，他对我说：'你的奶奶真是全世界最漂亮的女人，是不是？'我愣了一秒，说：'是啊。我想您现在一定很怀念能看见她的日子。'爷爷说：'傻瓜，我现在还是每天都能看见她的美。'"

8. "我是一名花艺师。今天早上 7 点，我走到工作室门前，发现一名穿着制服的士兵等在那里。他一会儿就要去机场，去阿富汗服役一年。他对我说：'每个礼拜五，我都会给妻子带回一束鲜花。我不在的时候，也不想让她失望。'然后，他订了 52 束花，让我在每个礼拜五下午替他送到妻子的办公室，直到他回来。"

9. "一个因癌症手术而失去声音的女人来到了我的手语班。她的丈夫、四个孩子、两个姐妹、一个弟弟、母亲、父亲和12个好朋友也报名来到了这里，一起学习手语。"

10. "今天，我又读了一遍自己曾经写下的遗书。那天写完遗书后两分钟，我的女友出现在我家门前，说'我怀孕了'。突然，我觉得自己有了继续生活的理由。现在，她是我的妻子，我们也已经结婚14年了，女儿快15岁，还有两个弟弟。我时不时就会拿出那份遗书，提醒自己要心存感激，感激生活和爱给我的第二次机会。"

11. "我当了15年的育儿顾问。有一次，我遇到了之前接触过的一个孩子。他以前很让人头疼，他很容易生气，也很容易有挫败感。一天，我给他画了一幅超人画，上面写了字，告诉他超人就是因为不放弃，才能每次都赢。那个小男孩现在是一位消防员了，他救了很多人。我们聊了一个半小时，离开时，他打开钱包，给我看了当初那张超人的画，他一直都留着。"

12. "两年前，我的母亲去世了，我收养了她的猫咪Kit。我有糖尿病。有天凌晨3点，Kit突然坐到我腿上开始大叫，我就醒过来了。我从没听它那样叫过，很大声，怎么也不愿停下来。我想起床看看它到底怎么了，却感到全身无力。我测了自己的血糖，已经降到53了，医生说正常血糖该在70到110之间。后来，医院里的人告诉我，如果不是Kit吵醒我，可能那天我就再也醒不过来了。"

13. "我和爷爷在看旧照片时，发现了一张他和奶奶在派对上跳舞的照片。奶奶在几年前已经去世了。爷爷搂着我的肩，说：'一定要记住，有些事就算不会到永远，也值得你为它付出时间。'"

14. "今天，她终于从长达11个月的昏迷中醒过来了，她吻了我说：'谢谢你在这里陪我，告诉我那么多美好的故事，谢谢你没有放弃我……还有，好的，我愿意嫁给你。'"

15. "小时候，爸爸经常哼着一首曲子陪我入睡。18岁那年，爸爸得了癌症躺在病床上，变成我轻唱那首曲子陪他。爸爸已经去世10年了，我也再没听过那首曲子。直到昨晚，我和未婚夫面对面地躺在床上，看着彼此的脸，他突然对我哼起了那首曲子。曾经，他也在睡前听过妈妈哼唱那段旋律。"

16. "今天，我终于赢了一场持续已久的官司。14个月之前，我发现邻居常常打他家的狗。所以，我绑架了那只狗，也因此被捕。为了这场官司，我花了很多钱。但今天醒来的时候，我发现狗狗正暖暖地趴在我脚边，我知道，所有这一切都是值得的。"

17. "我以前告诉过孙子，在我高中毕业时，没人邀请我当毕业舞会的舞伴，所以我也没有去参加。今天晚上，18岁的孙子出现在我家门口，穿着西装，邀请我去参加他的毕业舞会，当他的舞伴。"

18. "因为阿尔茨海默病，我爷爷在每个早上醒来时，都会忘了我奶奶是谁。一年前刚出现这个状况时，奶奶烦恼不已。

但现在，她完全理解了这个状况。事实上，奶奶开始每天都和爷爷玩一个小游戏——试图在晚餐到来之前让爷爷再向她求一次婚。直到现在，她都没有失败过。"

19. "一只很大的流浪狗一直跟着我，从地铁站跟到了我家门口。正在我觉得很紧张时，一个男人突然拿着刀出现在我面前，让我交出钱包。我还没来得及反应，流浪狗就向他猛冲了过去。那个男人扔下刀就跑了。我平安到家之后流浪狗也离开了。"

20. "与癌症抗争了那么久，妈妈还是去世了。我最好的朋友住在2000英里之外，他打电话安慰我，并说：'如果我现在出现在你家门口，给你一个全世界最大的拥抱，你会怎样？'我说：'我会笑起来吧。'接着，我家的门铃就响起了……"

21. "我服务的餐桌边坐着一对很老的夫妇。从他们看彼此的眼神就能知道……他们非常相爱。老爷子说，他们正在庆祝纪念日，我笑着说：'我猜，你们一定是相爱了一辈子。'他们都笑了，老太太说：'不是的，今天是我们的5周年纪念日。我们俩之前的老伴儿都去世了，而生活给了我们第二次去爱的机会。'"

22. "我们的10周年纪念日就要到了。可是，我和他都处于失业状态，所以我们说好了不给彼此买任何礼物。今天早上我醒来，发现他已经起床了。我下楼，发现整间屋子都摆满了好看的野花。

23. "爸爸在 92 岁时去世了。我发现他时，他平静地靠在卧室的躺椅上，膝盖上放着三个相框，里面是 10 年前去世的妈妈的照片。妈妈是他的一生所爱，也是他在离开前想看的最后一个人。"

24. "我 91 岁的爷爷是一位军医，是战争英雄，也是一位成功的商人。他躺在病床上时，我问他，这辈子最大的成就是什么？他转过头，握紧奶奶的手，看着她的眼睛说，'和你一起变老。'"

你是否也有这样一件关于爱的小事？

来源：搜狐网

一个长翅膀的老头

　　大雨连续下了三天，贝拉约夫妇在房子里打死了许许多多的螃蟹。刚出生的婴儿整夜都在发烧，大家认为这是由于死蟹带来的瘟疫，因此贝拉约不得不穿过水汪汪的庭院，把它们扔到海里去。星期二以来，空气变得格外凄凉。苍天和大海连成一个灰茫茫的混合体，海滩的细沙在三月的夜晚曾像火星一样闪闪发光，而今却变成一片杂有臭贝壳的烂泥塘。连中午时的光线都显得那么暗淡，使得贝拉约扔完螃蟹回来时，费了很大力气才看清有个东西在院子深处蠕动，并发出阵阵呻吟。贝拉约一直走到很近的地方，方才看清那是一位十分年迈的老人，他嘴巴朝下伏卧在烂泥里，尽管死命地挣扎，依然不能站起，因为有张巨大的翅膀妨碍着他的活动。

　　贝拉约被这噩梦般的景象吓坏了，急忙跑去叫妻子埃丽森达，这时她正在给发烧的孩子头上放置湿毛巾。他拉着妻子走到院落深处。他们望着那个倒卧在地上的人，惊愕得说不出话来。老人穿戴得像个乞丐，在剃光的脑袋上仅留有一束灰发，嘴巴里剩下稀稀落落几颗牙齿，他这副老态龙钟浑身湿透的模样使他毫无气派可言。那对兀鹰似的巨大翅膀，十分肮脏，已经脱掉一半羽毛，这时一动不动地搁浅在污水里。夫妻二人看得那样仔细，那样专注，以致很快从惊愕中镇定下来，甚至觉得那老人并不陌生。于是便同他说起话来，对方用一种难懂的方言但却是一种航海人的好嗓音回答他们。这样他们便不再注意他的翅膀如何的别扭，而是得出十分精辟的结论：即认为他是一位遭到台风袭击的外轮上的孤独的遇难者，尽管如此，他们还是请来一位通晓人间生死大事的女邻居看一看。她只消一眼，便纠正了他俩的错误结论。她说："这是一位天使，肯定是为孩子来的，但是这个可怜的人实在太衰老了，雷雨把他打落在地上了。"

第二天，大家都知道了在贝拉约家抓住了一个活生生的天使。与那位聪明的女邻居的看法相反，他们都认为当代的天使都是一些在一次天堂叛乱中逃亡出来的幸存者，不必用棒子去打杀他。贝拉约手持着警棍整个下午从厨房里监视着他。临睡觉前他把老人从烂泥中拖出来，同母鸡一起圈在铁丝鸡笼里。午夜时分，雨停了。贝拉约与埃丽森达却仍然在消灭螃蟹。过了一会儿，孩子烧退醒了过来，想吃东西了。夫妇俩慷慨起来，决定给这位关在笼子里的天使放上三天用的淡水和食物，等涨潮的时候再把他赶走。天刚拂晓，夫妻二人来到院子里，他们看见所有的邻居都在鸡笼子前面围观，毫无虔诚地戏耍着那位天使，从铁丝网的小孔向他投些吃的东西，似乎那并不是什么神的使者，而是头马戏团的动物。贡萨加神父也被这奇异的消息惊动了，在七点钟以前赶到现场。这时又来了一批好奇的人，但是他们没有黎明时来的那些人那样轻浮，他们对这个俘虏的前途做着各种各样的推测。那些头脑简单的人认为他可能被任命为世界的首脑。另一些头脑较为复杂的人，设想他可能被提升为五星上将，去赢得一切战争。还有一些富于幻想的人则建议把他留作种子，好在地球上培养一批长翅膀的人和管理世界的智者。在当牧师前曾是一个坚强的樵夫的贡萨加神父来到铁丝网前，首先重温了一遍教义，然后让人们为他打开门，他想凑近看一看那个可怜的汉子，后者在惊慌的鸡群中倒很像一只可怜的老母鸡。他躺在一个角落里，伸展着翅膀晒太阳，四围都是清晨来的那些人投进来的果皮和吃剩的早点。当贡萨加神父走进鸡笼用拉丁语向他问候时，这位全然不懂人间无礼言行的老者几乎连他那老态龙钟的眼睛也不抬一下，嘴里只是用他的方言咕哝了点什么。神父见他不懂上帝的语言，又不会问候上帝的使者，便产生了第一个疑点。后来他发现从近处看他完全是个人：他身上有一种难闻的气味，翅膀的背面满是寄生的藻类和被台风伤害的巨大羽毛，他那可悲的模样同天使的崇高的尊严毫无共同之处。于是他离开鸡笼，通过一次简短的布道，告诫那些好奇的人们过于天真是很危险的。他还提醒人们：魔鬼一向善用纵情欢乐的诡计迷惑不谨慎的人。他的理由是：既然翅膀并非区别鹞鹰和飞机的本质因素，就更不能成为识别天使的标准。尽管如此，他还是答应写一封信给他的主教，让主教再写一封信给罗马教皇陛下，这样，最后的判决将来自最高法庭。

　　神父的谨慎在麻木的心灵里毫无反响。俘获天使的消息不胫而走，几小时之后，贝拉约的院子简直成了一个喧嚣的市场，以至于不得不派来上了刺刀的军队来驱散都快把房子挤倒的人群。埃丽森达弯着腰清扫这小市场的垃圾，突然她想出一个好主意，堵住院门，向每个观看天使的人收取门票五分。

　　有些好奇的人来自很远的地方。还来了一个流动杂耍班；一位杂技演员表演空中飞人，他在人群上空来回飞过，但是没有人理会他，因为他的翅膀不是像天使的那样，而是像星球蝙蝠的翅膀。地球上最不幸的病人来这里求医：一个从儿时开始累计自己心跳的妇女，其数目已达到不够使用的程度；一个终夜无法睡眠的葡萄牙人受到了星星的噪音的折磨；一个梦游病者总是夜里起来毁掉他自己醒时做好的东西；此外还有其他一些病情较轻的人。在这场震撼地球的动乱中，贝拉约和埃丽森达尽管疲倦，却感到幸福，因为在不到一个星期的时间里，他们屋子里装满了银钱，而等着进门的游客长队却一直伸展到天际处。

这位天使是唯一没有从这个事件中捞到好处的人，在这个临时栖身的巢穴里，他把全部时间用来寻找可以安身的地方，因为放在铁丝网旁边的油灯和蜡烛仿佛地狱里的毒焰一样折磨着他。开始时他们想让他吃樟脑球，根据那位聪明的女邻居的说法，这是天使们的特殊食品。但是他连看也不看一下，就像他根本不吃那些信徒们给他带来的食品一样。不知道他是由于年老呢，还是别的什么原因，最后总算吃了一点茄子泥。他唯一超人的美德好像是耐心。特别是在最初那段时间里，当母鸡在啄食繁殖在他翅膀上的小寄生虫时；当残疾人拔下他的羽毛去触摸他的残废处时；当缺乏同情心的人向他投掷石头想让他站起来，以便看看他的全身的时候，他都显到很有耐心。唯一使他不安的一次是有人用在牛身上烙印记的铁铲去烫他，他待了那么长的时间动也不动一下，人们都以为他死了，可他却突然醒过来，用一种费解的语言表示愤怒，他眼里噙着泪水，扇动了两下翅膀，那翅膀带起的一阵旋风把鸡笼里的粪便和尘土卷了起来，这恐怖的大风简直不像是这个世界上的。尽管如此，很多人还是认为他的反抗不是由于愤怒，而是由于痛苦所至。从那以后，人们不再打扰他了，因为大部分人懂得他的耐性不像一位塞拉芬派天使在隐退时的耐性，而像是在大动乱即将来临前的一小段短暂的宁静。

贡萨加神父向轻率的人们讲明家畜的灵感方式，同时对这个俘获物的自然属性提出断然的见解。但是罗马的信件早就失去紧急这一概念。时间都浪费在证实罪犯是否有肚脐眼呀、他的方言是否与阿拉米奥人的语言有点关系呀、他是不是能在一个别针上触摸很多次呀等等上边。如果不是上帝的意旨结束了这位神父的痛苦的话，这些慎重的信件往返的时间可能会长达几个世纪之久。

这几天，在杂耍班的许多引人入胜的节目中，最吸引人的是一个由于不听父母亲的话而变成蜘蛛的女孩的流动展览。看这个女孩不仅门票钱比看天使的门票钱少，而且还允许向她提出各种各样有关她的痛苦处境的问题，可以翻来覆去地查看她，这样谁也不会怀疑这一可怕情景的真实性。女孩长着一个蜘蛛体形，身长有一头羊那么大，长着一颗悲哀的少女的头。但是最令人痛心的不是她的外貌，而是她所讲述的不幸遭遇。她还未成年时，偷偷背着父母去跳舞，未经允许跳了整整一夜，回家路过森林时，一个闷雷把天空划成两半，从那裂缝里出来的硫黄闪电，把她变成了一个蜘蛛。她唯一的食物是那些善良人向她嘴里投的碎肉球。这样的场面，是那么富有人情味和可怕的惩戒意义，无意中使得那个对人类几乎看都不愿看一眼的受人歧视的天使相形见绌。此外，为数很少的与天使有关的奇迹则反映出一种精神上的混乱，例如什么不能恢复视力的盲人又长出三颗新的牙齿呀、不能走路的瘫痪病人几乎中彩呀，还有什么在麻风病人的伤口上长出向日葵来等等。

那些消遣娱乐胜于慰藉心灵的奇迹，因此早已大大降低了天使的声誉，而蜘蛛女孩的出现则使天使完全名声扫地了。这样一来，贡萨加神父也彻底治好了他的失眠症，贝拉约的院子又恢复了三天阴雨连绵、螃蟹满地时的孤寂。

这家的主人毫无怨言，他们用这些收入盖了一处有阳台和花园的两层楼住宅。为了防止螃蟹在冬季爬进屋子还修了高高的围墙。窗子上也安上了铁条免得再进来天使。贝拉约还另外在市镇附近建了一个养兔场，他永远地辞掉了他那倒霉的警官职务。埃丽森达买了光亮的高跟皮鞋和很多色泽鲜艳的丝绸衣服，这种衣服都是令人羡慕的贵妇们在星期天时才穿的。只有那个鸡笼没有引起注意。有时他们也用水冲刷一下，在里面撒上些药水，这倒并不是为了优待那位天使，而是为了防止那个像幽灵一样在这个家里到处游荡的瘟疫。孩子还没到换牙时就已钻进鸡笼去玩了，鸡笼的铁丝网一块一块烂掉了。天使同这个孩子也是对其他人一样，有时也恼怒，但是他常常是像一只普通驯顺的狗一样忍耐着孩子的恶作剧，这样一来倒使得埃丽森达有更多的时间去干家务活了。不久，天使和孩子同时出了水痘。来给孩子看病的医生顺便也给这位天使看了一下，发现他的心脏有那么多杂音，以至于使医生不相信他还像是活着。更使这位医生震惊的是他的翅膀，竟然在这完全是人的机体上长得那么自然。他不理解为什么其他人不也长这么一对。

当孩子开始上学时，这所房子早已变旧，那个鸡笼也被风雨的侵蚀毁坏了。不再受约束的天使像一只垂死的动物一样到处爬动。他毁坏了已播了种的菜地。他们常常用扫把刚把他从一间屋子里赶出来，可转眼间，又在厨房里遇到他。见他同时出现在那么多的地方，他们竟以为他会分身法。埃丽森达经常生气地大叫自己是这个充满天使的地狱里的一个最倒霉的人。最后一年冬天，天使不知为什么突然苍老了，几乎连动都不能动，他那混浊不清的老眼，竟然昏花到经常撞树干的地步。他的翅膀光秃秃的，几乎连毛管都没有剩下。贝拉约用一床被子把他裹起来，仁慈地把他带到棚屋里去睡。直到这时，贝拉约夫妇才发现老人睡在暖屋里过夜时整宿地发出呻吟声，毫无挪威老人的乐趣可言。

他们很少放心不下，可这次他们放心不下了，他们以为天使快死了，连聪明的女邻居也不能告诉他们对死了的天使都该做些什么。

尽管如此，这位天使不但活过了这可恶的冬天，而且随着天气变暖，身体又恢复了过来。他在院子最僻静的角落里一动不动地待了一些天。到十二月时，他的眼睛重新明亮起来，翅膀上也长出粗大丰满的羽毛。这羽毛好像不是为了飞，倒像是临死前的回光返照。有时当没有人理会他时，他在满天繁星的夜晚还会唱起航海歌一样的旋律。

一天上午，埃丽森达正在切洋葱块准备午饭，一阵风从阳台窗子外刮进屋来，她以为是海风，若无其事地朝外边探视一下，这时她惊奇地看到天使正在试着起飞。他的两只翅膀显得不太灵活，他的指甲好像一把铁犁，把地里的蔬菜打坏了不少。阳光下，他那对不停地扇动的大翅膀几乎把棚屋撞翻。但是他终于飞起来了。埃丽森达眼看着他用他那兀鹰的翅膀扇动着，飞过最后一排房子的上空。她放心地舒了一口气，为了她自己，也是为了他。洋葱切完了，她还在望着他，直到消失不见为止，这时他已不再是她生活中的障碍物，而是水天相交处的虚点。

摘自：《意林》2012 年

好看的脸蛋太多，有趣的灵魂太少

王尔德说，这个世界上好看的脸蛋太多，有趣的灵魂太少。而王尔德作为 19 世纪英国唯美主义代表人物，本身也是极其有趣的人，有地位才华颜值胆量痴情多金还是 gay，这样的人不管生在何时何地，都一定是吸引人的。

因为三毛，我喜欢上了沙漠，撒哈拉是世界上最大的荒漠，拥有最恶劣的气候条件，是世界上最不适合生物生存的地方之一。这样一片寸草不生的土地带给人们的往往是人类最原始的恐惧，而三毛在这里写了《撒哈拉的故事》。

三毛笔下的撒哈拉，拥有丰富多彩的人和物，旁人眼里的苦难都被三毛化作春风轻轻拂过她的生活。千疮百孔的大帐篷，铁皮做的小屋，单峰骆驼和成群的山羊。据说所有的爱情都会归为平淡，三毛把平淡的日子生出花来，装点她和荷西的爱情。简单得不能再简单的婚礼，海边打鱼，自己盖房子，用最简单的房子装饰成沙漠最美的房子，和三毛这样的女子在一起，生活在哪里，都是美的。

没有女孩子不喜欢香奈儿，它代表的不仅仅是时尚品位，还有财富地位。或许你知道香奈儿每一季的最新款都有什么，你拥有它所有的经典款，即便如此，或许对这个品牌的创始人香奈儿女士的知晓也并不多。而作为创始人，香奈儿女士对香奈儿这个时尚品牌的老字号有着十分深远的影响。

童年的香奈儿是不幸的，母亲去世，被父亲抛弃，22岁在歌厅咖啡厅唱歌。就是这样一个普通女孩，改变了20世纪所有的女性，并且延续至今。她自由、叛逆、无所畏惧，当EB这个花花公子冷淡她的时候，她知道他在劈腿时，她穿上马裤骑上马背去追。而那个时代的女人只穿裙装，穿男人想让她们穿的衣服。这样一个大胆的女人，必然可以吸引在场所有男人的目光，她的奇装异服，让彼时的她光彩夺目。这自然也巩固了她在EB心目中的地位。

不可否认，她的成功离不开男人，但是更加促进成功的却是她异乎寻常的触觉，对生活的细致的体会和对女性自身深刻清醒的认知。她曾经驳斥当年一时风头盛极的时装设计师博赫说："你设计的衣服并不是根据女人本身的需求设计的，而是根据你想让她们穿上什么而设计的。"为了满足男性苛刻近乎变态的审美观，20世纪的女性服饰极尽烦琐，被束身衣勒到不能再细的腰身，裹上层层叠叠的蕾丝，加之琳琅满目的饰物，既不舒适又不方便。香奈儿用别人不要的棉布缝制出简单大方，便于行动的衣服，胸部不用再被束缚，裙边也无须在地上拖曳，博赫讽刺她让女人看起来个个像电话接线员，她却反驳"她们本来很多就是电话接线员，再说，工作也不是什么可耻的事"。我想这样一个女人是绝对不能用靠男人上位来诠释的，就算我们谈到她不可避免地会谈到她和她的情人，但我想这样有趣的人招人喜欢是必然的。

朋友圈里不乏有这样的人，每天无所事事，在学校的时候朋友圈内容都是抱怨老师过分，毕业之后就是吐槽老板，字里行间夹杂着男女器官词。还有姑娘半夜发自拍配文"失眠睡不着"，要么就是从网络上摘下来的各种单身鸡汤段子。问起他们最近过得怎么样？回答往往是"不好，就那样啊……"据我了解他们的生活并不糟糕，刚刚毕业的大学生很多都是这样的。孤身在外，过着蚁族的生活。这样的生活难道就注定是无聊甚至艰难的吗？

有这样一个女孩子，她的朋友圈每天是自己做的不同的美食，会分享给同事和朋友。周末会去周边游，看各种展览。休息的时候会画画，做手工。做完全套家务之后，给自己做一份下午茶，分享给朋友圈的全然没有疲惫，而是一份怡然自得。你或许完全想象不到，她住的地方只能放下一张床，生活起居很大一部分都是在床上完成。她必须很仔细地整理，才能让房间里看起来整齐有序，不仅生活得井井有条，还把房间装饰得很有美感。

　　有趣的人生从来不是金钱堆砌出来的，而是来源于我们丰富的内心世界。大到像王尔德、三毛、香奈儿这样的有趣到影响一个时代的人，小到像最后那个姑娘有趣到感染到她朋友圈，带给身边人温暖的人。岁月也许可以改变他们的容颜，却无法暗淡他们闪闪发光的童心。他们像是刚来到这个世界上的初生儿，对世界上的一切充满好奇，对所有事物饱含善意，眼神永远都闪烁着，是善于发现美的眼睛。我想有趣的人大多都是这样吧。

　　据说有趣是对一个人最高的评价，是一个人最大的才情。如果你也想成为一个有趣的人，《生活大爆炸》中的莱纳德已经告诉你了。

　　"或许你在学校格格不入，或许你是学校里最矮小、最胖的或最怪的孩子，或许你没有任何朋友，其实，这根本无所谓，但我的重点是，那些你独自一个人度过的时间，比如组装电脑，或练习大提琴，其实你真正在做的是让自己变得有趣，等别人终于注意到你时，他们会发现一个比他们想象中更酷的人。"

来源：搜狐网

第二章

不忘初心　方得始终

那时的晚霞

他走进位于乌兰巴托东侧的桑思尔小区，看看手里记下的地址，气喘吁吁地爬上了四楼。此时，他感到自己的心跳已开始加速。他眯着眼睛看清了在电话里核实多遍的门牌号，期待着出来开门的是四十年前那位面容姣好、温柔可人的姑娘。

开门的却是一位穿着朴实的老太婆。她的年龄和外表告诉他，她就是在几分钟前还让他心跳加快的女人。他的眼神里添了一丝忧郁。进了屋，他忙着脱外套，换鞋。老太婆指着厨房说："有事来这里说好了。"

老太婆搬来一把椅子，挪动着肥胖的身体准备点心和糖果，好似一只大蚂蚁。片刻之后，她在餐桌上摆了一壶奶茶和几盘点心，感叹地说："时光让我们变老了，如果是在大街上，我可真认不出你来了。"

"我都一大把年纪了，活过了六十的人，和四十年前的小伙子肯定不一样。"老人在嘴里嘟囔着，像犯了错的孩子。

"你最近怎么了？自从老伴儿去世之后你的电话怎么日益频繁起来了？"老太婆问。

"也没什么，就是想看看你，和你说说话。我也不知道风烛残年的我们是不是还有这样的权利……"老人不说话了。他想起了四十年前喜欢她时的美妙和独自思念时的孤单。他看着她的脸，好像她满脸的皱纹有一种神奇的力量，可以让时光倒流。

"你知道那天你喝醉之后打过电话来都说了些什么吗？为我这样的老太婆认真，我真不知道你是做对了，还是错了……"

"我也忘记说过什么了。"说完，老人把头扭了过去，不敢面对。

"读大学时你可是个老实憨厚的人啊，明明喜欢我，也不敢正视，只是偶尔打量我一下，然后迅速与我擦肩而过，对吧？那时候你也年轻啊，看你现在都老样子了，驼着背，像个鸵鸟。"老太婆笑出声来，然后从挂钩上拿毛巾擦了擦自己的眼睛。她说："鸵鸟，你就不要再三番五次地往我们家打电话了，孩子们知道了可不好。"

老人没说话。他隐约想起了几天前喝醉之后打电话向她表白的事。表白时他的心跳加快、声音颤抖，好像回到了藏着初恋故事的大学时光，回到了青春年少。说是表白，其实不过是谈了一些家长里短而已。他叹了口气，用微弱得连自己都难以听见的声音说："人心啊……想想真够可怜的。"

老太婆想要缓和一下沉闷的气氛，说："如果你真的那么喜欢我，那去天堂时将我带走吧。"

老人的思绪又飘回了大学时光，那次舞会上他多想牵着她的手在舞池里旋转。可他止住了，成了喧嚣舞池旁昏暗角落里的孤独客。

"既然你那么喜欢我，为什么不写情书给我呢？写了情书，陪我过一辈子的或许就是你了。"

"其实，那天我把情书都写好了。但我发现你已开始和刚刚去世的他在交往。我把情书撕得粉碎，让它飘落在风中。第二天校园里就下了场大雪。"

"原来是这样……我说'鸵鸟'，谢谢你爱了我一辈子，从懵懂少年爱到了满头华发，可有些事情，终究会过去，因为时光会让我们慢慢老去，永不复返。"

"是的，这个我很清楚。"说着，老人的眼圈红了。

"回去吧，希望你在生命的最后一刻还会想起我……"老太婆说。

"会的，我当然会。"老人的话颤抖得更厉害了。

老太婆搀扶着老人走到了门口，说："我们见过面了，以后千万别来家里。这样对你我都好……"

　　老人突然想起了什么，把跨出去的脚收回来，看着地板一字一句地说："如果……我能吻你……一下……就好了。"

　　"吻我？我可是六十多岁的人了。"犹豫了一下，老太婆把脸颊凑了过去。他看到她的脸颊上出现了一点红晕，与都市窗外的晚霞交相辉映。曾经，他们如朝阳，充满了升腾的力量和幻想，最终却如窗外的夕阳，带着最后一抹灿烂平静地走到了尽头。他吻的不单是眼前这位头发花白、满脸皱纹的六旬老太婆，而且是他一路走来的孤独和思念。他和她都明白，有些爱，就算走到了生命的尽头，也将同青春的烙印深藏于内心，永不消逝。

摘自：《文苑》2009年

丑　猫

　　每次瞥见院子里有猫跑过，我就会想起以前我们这个院子里生活过的一只小猫。院子里的邻居对这只猫都很熟悉，叫它丑猫。固然谁也说不清它是从哪儿来的，不过有一点可以肯定，这是一只被抛弃的猫，它一直对人心存依恋。

　　这只被叫作丑猫的猫实在很丑，只有一只左眼，右眼处是一个黑乎乎的令人骇然的深洞。右耳也残缺不全了。一条又宽又长的伤疤从头顶一直延长到肩上。右后腿不知何时折断又接上了，但已经严重弯曲。尾巴早就没了，只剩下了短短的一截，老是翘着。全身暗灰色的毛脏兮兮的，黑色的条纹已经很难分辨出来。凡是见过这只猫的人大多第一反应就是——这只猫真丑！

　　因为这只猫长得丑，所以邻居们都不待见它。孩子们看见它远远地就绕开了，更别提摸摸它抱抱它了，大人们一看见它，就吓唬它驱逐它，甚至还用石头打它。丑猫有时候想进到楼道里去，但人们只要一发现就用浇花的水管子浇它，或用楼洞门掩它的爪子。但不管人们怎样看待它，丑猫从不对抗。如果人们用水管子浇它，它不跑也不躲，只是遵从地站在那儿，任凭冷水淋到身上；如果人们扔器械打它，它也只是轻轻地抬抬爪子，好像在请求人们的谅解。

与人亲近一直都是丑猫的一个幻想。如果有哪个胆大的孩子瞥见它后没有躲开，它就赶忙跑过去，用头蹭人家的手，还边蹭边高声地喵喵叫着，希望能得到一点点温柔的抚摩；如果有谁破天荒地抱抱它，它就急忙舔人家的衣角或者其他它能够得着的器械，渴望能留住这一刻难得的温情。但更多的时候，丑猫得到的都是厌弃和驱赶。

有一天，一个更大的不幸降临到了丑猫的头上：孤独的丑猫朝附近的几只狗走了过去，它大概是太寂寞了，想和那几只狗交个朋友吧，但没想到那几只狗却毫不留情地咬伤了它。我在屋子里听到丑猫凄惨的叫声，急忙跑了出去。等我跑到丑猫眼前时，丑猫正躺在地上，身子蜷缩成一团，全身血肉模糊，脸上挂满了泪痕，已经奄奄一息。丑猫不幸的一生就要走到尽头了。我把它从地上抱了起来，它声音嘶哑，艰难地喘着气。我双手抱着它，一动也不敢动，唯恐再弄痛了它，但它却挣扎着要舔一舔我的手。我把它搂到了胸前，它的头紧紧地贴到我的手掌上，用那只黄黄的小眼睛注视着我。突然，我听到它用微弱的声音喵地叫了一声。显然，这只猫在遭受了如此巨大的痛苦后，仍然渴望着一丝怜爱，或是一丝同情！当时我觉得我怀里的这只猫，是我一生中见过的最可爱的动物。它从没想过要咬我，要挠我，或者摆脱我的怀抱，它只是默默地看着我，完全相信我能够减轻它的痛苦。丑猫就这样在我的怀中慢慢地死去了，没能等我把它抱回家。

丑猫只是身体残疾，而我们人类是心灵残疾。我们对那些优美的生物关爱有加，而对那些卑微弱小的生灵却漠不关心。世间的大爱应该是对一切生命的敬服，不因其美丽而关怀庇护，不因其丑陋而鄙视厌弃。

摘自：《意林》2010年18期

不忘初心　方得始终

古语有云："不忘初心，方得始终。"什么是初心？

1912年春天，哈佛大学教授桑塔亚那正站在课堂上给学生们上课，突然，一只知更鸟飞落在教室的窗台上，欢叫不停。桑塔亚那被这只小鸟所吸引，静静地端详着它。过了许久，他才转过身来，轻轻地对学生们说："对不起，同学们，我与春天有个约会，现在得去践约了。"说完，便走出了教室。

那一年，49岁的桑塔亚那回到了他远在欧洲的故乡。数年后，《英伦独语》诞生了，桑塔亚那为他的美学绘上了最浓墨重彩的一笔。

原来，初心，就是在人生的起点所许下的梦想，是一生渴望抵达的目标。

初心给了我们一种积极进取的状态。苹果公司创始人乔布斯说，创造的秘密就在于初学者的心态。初心正如一个新生儿面对这个世界一样，永远充满好奇、求知欲和赞叹。因为如此，乔布斯始终把自己当作初学者，时刻保持一种探索的热情，"现在的我仍然在新兵营训练"。

每个人都拥有自己的初心，纳兰性德说，"人生若只如初见"。在这个时代，初心常常被我们遗忘，"我们已经走得太远，以至于忘记了为什么出发"。因为忘记了初心，我们走得十分茫然，多了许多柴米油盐的奔波，少了许多仰望星空的浪漫；因为忘记了初心，我们已经不知道为什么来，要到哪里去；因为忘记了初心，时光荏苒之后，我们会经常听到人们的忏悔：假如当初我不随意放弃，要是我愿意刻苦，要是我有恒心和毅力，一定不会是眼前的样子。

人生只有一次，生命无法重来，要记得自己的初心。经常回头望一下自己的来路，回忆起当初为什么启程；经常让自己回到起点，给自己鼓足从头开始的勇气；经常纯净自己的内心，给自己一双澄澈的眼睛。

不忘初心，才会找对人生的方向，才会坚定我们的追求，抵达自己的初衷。

就像一首诗中所言：从前，所有的甜蜜与哀愁，所有的勇敢与脆弱，所有的跋涉与歇息，原来，都是在为了，向着，初来的自己，进发。

席慕蓉说：我一直相信，生命的本相，不在表层，而是在极深极深的内里。这里的"内里"即为"初心"，它不常显露，很难用语言文字去清楚形容，只能偶尔透过直觉去感知其存在，但在遇到选择之时，在不断地衡量、判断与取舍之时，往往能感知其存在。

林清玄说：回到最单纯的初心，在最空的地方安坐，让世界的吵闹去喧嚣它们自己吧！让湖光山色去清秀它们自己吧！让人群从远处走开或者自身边擦过吧！我们只愿心怀清欢，以清净心看世界，以欢喜心过生活，以平常心生情味，以柔软心除挂碍。

白岩松说：在墨西哥，有一个离我们很远却又很近的寓言。一群人急匆匆地赶路，突然，一个人停了下来。旁边的人很奇怪："为什么不走了？"停下的人一笑："走得太快，灵魂落在了后面，我要等等它。"是啊，我们都走得太快。然而，谁又打算停下来等一等呢？如果走得太远，会不会忘了当初为什么出发？就如中国一句古话："不忘初心，方得始终。"

来源：搜狐网

成功，从拒绝别人的宣判开始

　　16 岁那年，他看了张艺谋的电影《红高粱》，那些具有强烈画面感的镜头，以及让人心动的故事情节，唤起了他内心全部的热情，从此他对电影产生了强烈的兴趣，并达到了痴迷的程度。他立志要从事电影事业，所以高考前，他对父亲说："爸，我想考北京电影学院。"他的父亲是一位著名作家，平时对他要求极严格，听儿子这么一说，便说道："考电影学院不是那么容易的，你别想什么是什么！"

　　虽然表面上否定了儿子，但他还是尊重儿子的意愿。他想试试儿子是不是搞电影那块料，第二天就从单位请了一位年轻的女导演到家里来，想为儿子把把关，看儿子能不能吃电影这碗饭。儿子放学后，发现家里来了个女孩儿，父亲对他说："这是我们单位新来的导演，让她看看你适不适合做影视。"那位女导演看了看他，说："你给我演一个小品吧！"他满脸通红，怯怯地问："小品是什么啊？我没演过啊。"女导演看他手足无措的样子，就说："那你随便给我演点东西吧。"从没在别人面前表演过的他，羞涩地低下了头。见此情形，女导演就笑着说："做导演是吃开口饭的，我看你这性格，好像不适合做这个。"女导演的一句话，宣判了他的前途，他的父亲也因而认为他不是从事电影那块料，便不让他考北京电影学院了。

那一年，遵照父亲的愿望，他考入了南京解放军国际关系学院。毕业以后，他被分到国防科工委，成为一名翻译，有了一份令人艳羡的工作。

但在内心深处，他却没有放弃自己的电影梦想，他在默默地做着准备，等待机遇。

1994年的冬天，他偶然经过北京电影学院，就走进去转了转，他在墙上看到一张破旧的招生简章，他的电影梦再次燃烧起来了，他连忙跑回家，对父亲说："爸，我要考电影学院导演系的研究生！"父亲一听就急了，说："你的工作是多少人羡慕的，哪能说扔就扔了呢！"但他这回没有听从父亲的话，他发了疯似的学起了电影专业知识，并参加了考试。1995年1月7日，是电影学院放榜的日子，他去看结果，终于在录取名单上看到了自己的名字。

1997年，他毕业后被分配到了北京电影制片厂导演组，做了一段时间打杂的工作，又做了一段时间的副导演，在工作之余，他写了《寻枪》剧本，并打算亲自拍这部电影。从那以后，他开始筹拍这部电影，他想请著名演员姜文来演，但他一个小人物，跟姜文连话都说不上。他的朋友刘建立帮了他的忙，联系了姜文，姜文看过剧本，并和他见了面，最后答应出演。演员解决了，但更严重的问题是资金问题，他无数次去找人投资，但都因为没有名气而被拒绝了。后来，还是华谊的王中军看了他的剧本后，决定赌一把。就这样，他的处女作影片开拍了。《寻枪》公映后，立即在业界引起了轰动，他也因此一举成名。紧接着，他又拍了《可可西里》，再次震动了中国电影界。再后来，他的《南京！南京！》又取得了巨大成功，并获得了几个大奖。他就是陆川，一个炙手可热的新锐导演。

他心中始终有个向上的梦想，要开花结果，成就一番事业，辉煌人生。在遭到否定的判决之后，他没有接受这个判决结果，而是继续坚持自己的梦想，终于让它变成了现实。生活中，每个人都有可能被别人否定，被别人否定并不可怕，可怕的是自己否定自己。陆川的成功，就是他拒绝别人对自己的宣判的结果。敢于拒绝别人对自己的宣判，是走向成功的第一步。

摘自：《优秀作文选评（小学版）》2012 年 10 期

童年的朋友

我六岁多的时候，还根本不知道我将来要干什么。周围的人和各种工作我都喜欢。

有时，我想当一名天文学家，每天晚上不睡觉，用望远镜观察遥远的星星。有时，我又幻想当一名远航船长，到遥远的新加坡去，可以买一只招人喜欢的小猴儿。有时候呢，我渴望变成火车司机，好戴上一顶神气的帽子到处去走。

有时，我觉得当个勇敢的旅行家也不坏，像一位旅行家那样，光靠吃生鱼，驾船横渡四大洋。不错，这个旅行家旅行结束后，体重减了25公斤；我呢，体重总共才26公斤！如果我也像他那样去远渡重洋的话，旅行完了我的体重只剩下1公斤了。我把这笔账算完之后，便决定放弃这个念头。

忽然有一天，我又想当一个拳击手了，因为我在电视里看了一场欧洲拳击锦标赛。拳击手们打得真来劲！接着电视里又播出了他们训练的情况。他们使出全身力量打击沉重的皮制的"梨"——那是个椭圆形的有分量的沙袋。我看得上了瘾，我想成为我们院子里最有力气的人。

我对爸爸说："爸爸，给我买一个'梨'吧！"

爸爸说："现在是一月，没有梨。你先吃胡萝卜吧。"

我大笑起来："不，爸爸，我要的不是那样的梨！你给我买一个练拳击用的皮革做的那种'梨'吧！"

"你要那个干吗？"爸爸问。

"练拳击呗。"我说，"我要当一个拳击手啊！"

"那种'梨'多少钱一个呢？"爸爸问。

"值不了几个钱。10卢布，要不就是50卢布。"

"没有'梨'，你就随便玩点别的吧。反正你什么也干不成。"说完，他就上班去了。

爸爸拒绝了我的要求，我心里很不痛快。妈妈马上看出来了，立即说："我有一个主意。"她弯下腰，从长条沙发下面拖出一个大筐，里面装着一些旧玩具。那些玩具我已不爱玩了，我长大了嘛。秋天，爸爸妈妈就该给我买学生服和帽檐闪光的学生帽了。

妈妈在筐里翻腾起来。掉了轱辘的小电车、哨子、陀螺，船帆上的碎片以及其他许许多多的玩意儿，都被翻了出来。突然，妈妈在筐底下发现一个胖乎乎、毛茸茸的小熊。她把小熊扔到沙发上，说："你看，这还是米拉阿姨送给你的呢。多好的小熊，看那肚子多大，哪一点比'梨'差？比

'梨'还好嘛！用不着买'梨'了。你练吧。"

这时电话响了，她便到走廊上去接电话了。

我真高兴，妈妈的主意这么好。我把小熊放到沙发上，摆好，以便打起来顺手些。我要拿它练拳了。

小熊坐在我的面前，一身巧克力色。两只眼睛一大一小，小的是原来的——黄色，玻璃做的；大的白色——是用一个纽扣后补上的。小熊用两只不一样的眼睛十分快活地看着我，两手朝上举着，似乎在说，不用打了，我投降……

我看了它一会儿，突然想起好久好久以前我跟它形影不离的情景来了。那时我走到哪里都拉着它。吃饭时让它坐在旁边，用羹匙喂它；当我把什么东西抹到它嘴上时，它那张小脸儿十分逗人，简直活了似的。睡觉时我也让它躺在旁边，对着它那硬邦邦的小耳朵，悄声地给它讲故事。那时候，我爱它，一心一意地爱它。可它，我往日最要好的朋友，童年的真正朋友，这会儿却坐在沙发上，两只一大一小的眼睛对我笑着，而我却想拿它练拳……

"你怎么啦？"妈妈接完电话回来问我，"出了什么事？"

我也不知道自己怎么啦，我转过脸去，沉默了好长时间，为的是不让妈妈从声音里猜出我的心事来。我仰起头，想把眼泪憋回去。稍微克制住了自己的感情以后，我说："没什么，妈妈，我改变主意了，我永远也不想当拳击手了。"

摘自：《北师大版第十二册课文》

海明威魔咒

我的爷爷是一位作家，他于1954年获得诺贝尔文学奖，代表作是《老人与海》，他的名字就是欧内斯特·海明威。爷爷为家族带来了无上的荣耀，然而几十年来，病魔却也一直缠绕着他的家族。爷爷在我出生前几个月因抑郁症自杀，而他的父亲早在他年轻时也是因为抑郁症而自尽。他的妹妹、弟弟，我的一个叔叔、两个姐姐后来又相继因酗酒、吸毒、抑郁症或其他怪病而自杀或暴毙。人们都说海明威家族被诅咒了，所有家庭成员都将不得善终。

作为海明威的儿子，父亲心中有着沉重的负担：酒精成瘾和滥用药物的倾向、自暴自弃的痛苦，还有自我怀疑，觉得自己一辈子也比不上爷爷。我的母亲很漂亮，却也很痛苦。她的第一任丈夫死于"二战"，和我父亲结婚后，她一直恨父亲不是她最心爱的人。他们俩每天都打架。生活像钟摆一样，总是在反复地走着极端：不是冷若冰霜的沉默，就是炮火连天的争吵，两者常常紧密相连。

只有食物是唯一不变的。实际上，它是我们表达感受和爱意的途径。全家人始终都会关心晚餐做什么。一顿饭还没吃完，我们已经在计划下一顿了。每天晚上六点是"葡萄酒时间"，一杯酒下肚，一切都是快乐和笑脸，但是随着后续的每一杯酒，大家开始变得紧张易怒，等到第四杯酒过后，狂呼乱叫的家庭战争又开始了。

我16岁离开家乡，到好莱坞当了演员。为了保证不会发胖、生病或发疯，我下定决心要打败从家族那里继承来的偏执——那是一条与斗牛一起狂奔似的生活道路，它被深深地烙在家族基因之中，而我时刻都能感到它在身后飞快地追赶着我。

我无法改变基因，但是我拒绝向命运的诅咒低头，我想健康地活下去。我觉得控制食物似乎是最好的方法，于是我几乎尝试了每一种食疗方法：长寿主义、素食主义，无脂肪、全脂肪，无蛋白质和高蛋白质等食谱。有一年我甚至除了水果和咖啡之外什么都不吃。但是这些痛苦的试验却毫无效果。对食谱的严格控制反而变成另一种偏执。

我开始审视自己的童年，尝试着回忆当初最平静最惬意的时刻，答案很快就变得清楚了：是夏天。夏天的时候，父亲常常去钓本地的红鲑鱼。家里每天都有新鲜鱼肉。我们还经常吃菜园里新鲜蔬菜拌成的沙拉。每年夏天我都要到俄勒冈州旅行，和我的教母一起住一段日子。她家有好多果树，新鲜水果多得吃不完，菜园里种着各种蔬菜，山上还散养着鸡和山羊，这样我们就有新鲜鸡蛋和羊奶了。回想起往事，我得到一个令人吃惊的启示：纯天然的食物不仅对身体有益，对心灵也有好处。

于是我开始吃最天然的食物，戒掉了咖啡成瘾的习惯，每天做瑜伽和冥想，身心终于健康起来，全家人其乐融融。后来我在电视电影界都取得不错的成绩，获得了奥斯卡最佳女配角奖提名，还登上《人物》杂志的封面。最近我又开办了自己的瑜伽健身房，写作出版了好几本关于身心健康的书。我还筹划去巴黎亲自执导，将爷爷的小说《流动的飨宴》拍成电影。我终于打败了海明威家族的诅咒。

摘自：《作文升级》2012年第11期

母亲的来信

母亲来信了。

在初来城里的日子里，文卡总是焦急地等待着母亲的信，一收到信，便迫不及待地拆开，贪婪地读着。半年以后，他已是没精打采地拆信了，脸上露出冷笑——信中那老一套的内容，不用看他也早知道了。

母亲每周都寄来一封信，开头总是千篇一律："我亲爱的宝贝小文卡，早上好！这是妈妈在给你写信，向你亲切问好，带给你我最良好的祝愿，祝你健康幸福。我在这封短信里首先要告诉你的是，感谢上帝，我活着，身体也好，这也是你的愿望。我还急于告诉你：我日子过得挺好……"每封信的结尾也没有什么区别："信快结束了，好儿子，我恳求你，我祈祷上帝，你别和坏人混在一起，别喝伏特加，要尊敬长者，好好保重自己。在这个世界上你是我唯一的亲人，如果你出了什么事，那我就肯定活不成了。信就写到这里。盼望你的回信，好儿子。吻你。你的妈妈。"

因此，文卡只读信的中间一段。一边读一边轻蔑地蹙起眉头，对妈妈的生活兴趣感到不可理解。净写些鸡毛蒜皮，什么邻居的羊钻进了帕什卡·沃罗恩佐的园子里，把他的白菜全啃坏了；什么瓦莉卡·乌捷舍娃没有嫁给斯杰潘·罗什金，而嫁给了科利卡·扎米亚金；什么商店里终于运来了紧俏的小头巾——这种头巾在这里，在城里，要多少有多少。

文卡把看过的信扔进床头柜，然后就忘得一干二净，直到收到下一封母亲泪痕斑斑的来信，其中照例是恳求他看在上帝的面子上写封回信。文卡把刚收到的信塞进衣兜，穿过下班后变得喧闹的宿舍走廊，走进自己的房间。

今天发了工资。小伙子们准备上街，忙着熨衬衫、长裤，打听谁要到哪儿去，跟谁有约会，等等。文卡故意慢吞吞地脱下衣服，洗了澡，换了衣。等同房间的人走光了以后，他锁上房门，坐到桌前。从口袋里摸出还是第一次领工资后买的记事本和圆珠笔，翻开一页空白纸，沉思起来……

恰好在一个小时以前，他在回宿舍的路上遇见一位从家乡来的熟人。相互寒暄几句之后，那位老乡问了问文卡的工资和生活情况，便含着责备的意味摇着头说："你应该给母亲寄点钱去。冬天眼看就到了。家里需要请人运木柴，又要劈，又要锯。你母亲只有她那一点点养老金……你是知道的。"

文卡自然是知道的。

他咬着嘴唇，在白纸上方的正中仔仔细细地写上了一个数字：126，然后由上到下画了一条垂直线，在左栏上方写上"支出"，右栏写上"数目"。他沉吟片刻，取过日历计算到预支还有多少天，然后在左栏写上：12，右栏写一个乘号和数字4，得出总数为48。接下去就写得快多了：还债——10卢布，买裤子——30卢布，储蓄——20卢布，电影、跳舞等——4天，1天2卢布——8卢布，剩余——10卢布。

文卡哼了一声。10卢布，给母亲寄去这点钱是很不像话的。村里人准会笑话。他摸了摸下巴，毅然划掉"剩余"二字，改为"零用"，心中叨咕着："等下次领到预支工资再寄吧。"

他放下圆珠笔，把记事本揣进口袋里，伸了个懒腰，想起了母亲的来信。他打着哈欠看了看表，掏出信封，拆开，抽出信纸。当他展开信纸的时候，一张3卢布的纸币轻轻飘落在他的膝上……

【苏】克拉夫琴科

深邃的思想者

一切都起于偶然。参加派对的时候，我常常提醒自己：要轻松一点，随便一点。可越是这样想，心里的顾虑就越多。很快我就发现，自己已不是一般的思想者了。

我开始独自沉思——我告诫自己："放轻松！"可我清楚地知道，我无法轻松下来。思考对于我来说越来越重要，直到最后，一天到晚，每时每刻我都在思考。

上班的时候我也在思考。虽然我知道，思考与我的工作没有丝毫联系，可我无法停下来。

午餐的时候，我避开朋友去读梭罗、卡夫卡。回到办公室，我常常头晕目眩，精神恍惚。我问同事："我们到底在这里做什么？"

在家里，情况也不尽如人意。有一天晚上，我关上电视，神情严肃地问妻子："生活的意义是什么？"妻子二话没说，扭头摔门而去，回娘家住去了。

很快，我便得到一个绰号：深邃的思想者。有一天，老板对我说："斯凯，我一直非常欣赏你。说出这话让我很痛心，可我不得不告诉你，你的思考已经成了大问题。如果你在工作期间不能停止思考，那你必须另谋高就。"老板的话又让我开始思考……

从老板的办公室出来，我提前回了家。我要向老婆坦白："亲爱的，我一直在思考……"

"我知道你一直在思考。"妻子根本不拿正眼看我，"我决定要离婚！"

"可是，亲爱的，情况并没有这么严重。"

"情况已经非常严重了。"她的嘴唇在颤抖，"你像一个大学教授，一直在思考，可你这样是赚不到钱的。所以，如果你继续思考下去，我们就会变成穷光蛋！"

"可你的这个三段论逻辑是错误的。"我不耐烦地对妻子说。她呜呜咽咽地哭了起来。我真的受不了了！我一跺脚，义无反顾地走出了家门。

我开车朝图书馆疾驰，心里充满了悲哀和绝望，感觉就像当年走在大街上抱着马头痛哭的尼采。车子呼啸着停在图书馆门前，我不顾一切地冲上台阶，朝那巨大的玻璃门跑去……可门是锁着的，图书馆已经关门了。

直到今天，我仍然相信，那一夜，有一种至高无上的力量在眷顾着我。我瘫倒在图书馆前，绝望地抓着冰冷无情的玻璃门，哭泣着祈求查拉图斯特拉给我思想的力量。就在这时，我注意到门侧张贴着一张海报。海报上有一个醒目的大问号："朋友，深邃的思考正在毁掉你的生活吗？"这是"思想者康复班"的广告。

于是，我参加了这个体验学习班。每次上课我们都要观看一部没有思想性的影片。看完电影，我们还要交流自上次学习后各人避免思考的经验。这一次，我们看的是《阿呆与阿瓜》。

于是，我变成了现在的样子。工作保住了，家里的情况也改善了许多，生活比原来更加舒适了。

当然，这一切都是在我停止思考之后。

摘自：《意林》2009年24期

第三章

不后悔　就值得

干大事的人，从来不要脸

脸，就是一个人的面子，中国人特别爱面子，甚至有人认为面子比命还重要。俗话说："人争一口气，佛争一炷香。"面子不仅影响着人们的消费方式，还影响着人们的社会交往，甚至能决定一个人的命运。

什么是脸面？我们干大事的从来不要脸，脸皮可以撕下来扔到地上，踹几脚，扬长而去，不屑一顾。

——严介和（太平洋集团前总裁）

只有不要脸的人，才会成为成功的人。

——任正非（华为总裁）

为了面子坚持错误是最没有面子的事情。

——巍巍（经济刊物主编）

在中国，为了面子而丢掉性命的也大有人在，其中最典型的，莫过于在乌江边自刎而死的项羽。兵败之后，他觉得"无颜见江东父老"，于是自刎而死。

当然也有不那么"爱"面子，甚至"不在乎"面子的。

大家都知道，史玉柱、俞敏洪、严介和、陈天桥他们是超级富豪，但没有谁知道这些创业者们是怎样成为超级富豪的，没有谁知道他们在成为超级富豪的道路上，付出了怎样的代价，付出了怎样的努力，忍受了多少别人不能够忍受的屈辱和痛苦。

新东方的校长俞敏洪就吃尽了面子的苦，中国青年报记者卢跃刚在其著作《东方马车——从北大到新东方的传奇》一书中，详细记录了俞敏洪的创业经历，其中有许多关于俞敏洪创业经历的故事，至今读来，仍令人落泪。

书中记述了俞敏洪的一次醉酒，事情缘起于新东方的一位员工被竞争对手用刀子捅伤的事件。为了处理这件事，俞敏洪请一个刚刚认识的警察朋友，托他请刑警大队的一个政委出来"坐一坐"。

因为俞敏洪不会说话，只会喝酒；也因为内心不从容，光喝酒不吃菜，喝着喝着，俞敏洪就失去了知觉，钻到桌子底下去了。

老师和警察把他送到医院抢救了两个半小时才活过来。医生说，换一般人，喝成这样，就回不来了。那天，俞敏洪喝了一瓶半的高度五粮液，差点喝死。

他醒过来喊的第一句话是："我不干了！"学校的人背他回家的路上，一个多小时，他一边哭，一边撕心裂肺地喊着："我不干了！——再也不干了！——把学校关了！——把学校关了！——我不干了！"

他不停地喊，喊得周围的人发怵，哭够了，喊累了，睡着了，睡醒了，酒醒了。下午七点还有课，他又像往常一样，背上书包上课去了。

眼角的泪痕犹在，该干的事却不能不干，按俞敏洪自己的话说，不办学校，干吗去？

俞敏洪还有一件下跪的事，在新东方学校也是人尽皆知。他的母亲不顾众人反对将俞敏洪的姐夫招来新东方做事，先管食堂财务，后管发行部。

因为某些原因，有人将俞敏洪姐夫的办公设备搬走了，俞母大怒，在学校破口大骂。这位新东方学校的校长、万人景仰的中国留学"教父"，当着大伙儿的面儿，"扑通"给母亲跪下了。

见证此事的王强事后回忆说："我们期待着俞敏洪能堂堂正正从母亲面前走过去，可是他跪下了，顿时让我崩溃了！人性崩溃了，尊严崩溃了，非常痛苦。"

一个外人看见这样的场景尚且觉得"崩溃"，觉得"非常痛苦"，那么，作为当事人和下跪者的俞敏洪内心会是什么样的感觉呢？

俞敏洪还有许多传奇般的经历，真要说起来，用他的话说，能说上好几年。

实际上，面子是人生中的第一道障碍，聪明的人决不做"死要面子活受罪"的人，过分爱面子，就会失去机遇，把自己看得太重的人，很难做成大事。

要干大事就不能把面子看得太重。那些改革开放初期致富成功的人，就是因为摘掉了虚荣面具，才走上了成功之路。

有一大部分富豪都是从"破烂王"和"臭皮匠"干起而发家致富的，敢做"破烂王"、敢做"臭皮匠"的人，本身就具有与常人不一般的人生观、价值观。

肉体上的折磨不算什么，精神上的折磨才是致命的。如果有心自己创业，一定要先在心里问一问自己，面对从肉体到精神上的全面折磨，你有没有那样一种宠辱不惊的"定力"与"精神力"。

有些时候，顾及脸面最后可能会导致诸事无成。很多海归人士、政府官员和受过良好教育的人员，在创业时成功的概率很低，原因则在于他们太要脸，太好面子。

我们要做一个务实的实践者，要拿出干大事不要脸、不怕丢脸的勇气来。

所谓的不要脸，就是不要把自己当回事，这个社会不是要你的脸，这个社会是要你的智慧和能力，要看你的实际成就的。闯出来了，成功了，才有脸，否则没有谁会在乎你的面子、你的脸。

面子是什么？面子是人们为了逃避某种责任的借口。面子靠什么支撑？如果连温饱问题都解决不了，有面子又有什么用？只要不违法，发家致富任何时候都不丢人。

说到底，面子的问题其实都是人们观念的问题，只要自己勤奋努力，正规经营，没有什么值得多虑的，面子在创业理想面前显得如此渺小，因此不必大惊小怪。

俗话说："死要面子活受罪。"你若是不想活受罪，就要放下思想包袱，全力以赴来做事，只要你有目标，立场坚定，就能走向创业的成功大道。

事业做不好，再华丽的面子也都是虚的，事实最有发言权。因此，创业者要放下顾虑，放下面子，大胆朝前走。

盛世难逢，市场残酷，创业面临着前所未有的挑战，如何提高自己的素质，撇开面子拿出勇气来干出一份属于自己的事业，是每一个创业者必须认真考虑的一个问题。

行动是最好的见证，放下面子，挫而愈坚，辉煌就在你前面。

来源：搜狐网

结果有胜负，人生不一定有输赢

胜败兵家事不期，

包羞忍耻是男儿。

江东子弟多才俊，

卷土重来未可知。

人走得久了就容易回到起点，而现在的起点已经不是当初的原点。

在以前那个物质匮乏但精神昂扬的时代里，女排精神属于70后、60后或者更资深的那代人的集体记忆。

跨过悠悠三十年岁月，中国女排这支王者之师找到了精神和肉体的传承者——郎平。这段时间以来，一切都物是人非，病树前头只有女排总能枯木逢春。

在心浮气躁的世界里，她们怀揣梦想，负责坚守、传承、创新，把自己做到极致。要说现在还有什么能让我们心潮澎湃，中国女排算一个。

2012年的奥运会，我们败给了日本，止步八强。时隔四年，我们重整旗鼓，卷土重来，没想到分在了"死亡小组"。

要在志在奥运三连冠东道主的手中拿下一胜才能进入四强。很多人都觉得这群姑娘，已经拼尽全力了，这次就到这里吧，一点一滴的辉煌，都有人在为此，负重前行。而扛着中国女排的人，是郎平。

所谓人生的修炼，大概是敢于回到曾经自己辉煌过的地方，再去建造一次辉煌吧。我猜，人生的大多数勇敢，说起来也不过是，一点又一点的热爱。我们所见的大多数辉煌，也不过是一个又一个软弱的人，为了热爱在苦苦支撑。

女排精神不是赢得冠军，而是有时候知道不会赢，也竭尽全力，人生何尝不是这样，你一路虽走得摇摇晃晃，但站起来抖抖身上的灰尘，依旧眼中坚定。

中国女排五连冠之后沉寂的近二十年，谷底的近十年，其实女排精神一直都在，她们不曾放弃。在风光的时候我们看到了三千越甲能吞吴，那背后的卧薪尝胆岂敢忘记！

在全世界都遗忘你甚至抛弃你的时候你决不放弃自己，然后才有可能"江东子弟多才俊，卷土重来未可知！"

半百人生，即便一时告负，即便归于平淡，但是只要曾经直面挑战、勇往直前。那一行行不屈前行的足迹里，已然因凝结了你汗水与泪水，而闪出超越胜负的光芒。

　　生活不会像想象的那么完美，我们更需要摆正自己的位置，人生有起伏也有跌落，胜不骄败不馁，是做人的原则，没有人敢说自己是最好的。时光不会为谁停留片刻，岁月也不会为谁的伤悲而停止流转。

　　结果有输赢，人生没胜负。天遂人愿，一切都是最好的安排。

来源：搜狐网

心愿不及的夏天

许久以前，我曾在弗吉尼亚北部的一个村子里住过，这村子坐落在十字路边。那是一个清爽宜人的夏天，那里没发生过什么重要的事儿，我也不曾尝过烦忧的滋味。

七幢平淡而没有个性的房子组成了那个村落。一条土路蜿蜒伸到山下。山下有家私酒商店，至今还在为村里的男人们供应着威士忌酒。另一条土路，直指溪边。我和科尼斯表哥总爱坐在溪畔，用蚯蚓作饵钓鱼儿。一天，我们打死了一条铜斑蛇，当时它正在附近的一块岩石上晒太阳。这样的事儿是很不寻常的。

夏天的暑气温婉可人，湿润而醇厚的空气里弥散着各种各样的馨香，你禁不住要一一品咂。早晨，紫藤飘香；下午，铺铺叠叠爬满石墙的野蔷薇盛开了；傍晚，忍冬花的芬芳融进苍冥的暮霭里，香气袭人。

　　即便按当时的标准，那也是个落后的地方。没有电，土路上面也没铺点什么。屋子里连自来水都没有。夏天日复一日的活计都体现出这一桩桩的短缺来。没有电灯，人们便早早地上床睡了；第二天起身的时候，露珠儿还在草尖上挂着。一大清早，女人们便在一片叽叽喳喳声里把昨夜用过的煤油灯擦拭得锃亮锃亮。孩子们被打发出去担甘醇的泉水。

　　这倒使我们有机会天天看小龙虾是不是又增加了许多。后来，走在去屋外厕所的小道上，你又有机会在西尔斯·罗伯克商品目录里做着各式各样的梦，那多半是些有关猎枪或自行车的美梦。

　　没有电，能把年轻人的心儿拴住的收音机也就派不上用场。但是，倒也确有一两户人家有收音机。他们用的是邮购来的、大小和今天的汽车电瓶差不多的电池。不过，它们可不是给孩子们随便玩儿的，虽然有时，你也许被请进屋去听听《阿莫斯与安迪》。

　　如今想起那种情景，只记得，听着声音从家具里冒出来，挺奇怪的。很久以后，有人点拨我说，谁听了《阿莫斯与安迪》，谁就是种族主义分子。幸而我听得不多……

　　夏天，待在屋子里是不会有什么乐趣的。每一桩开心的事儿都发生在外面的世界里。花丛中，藏着蜂鸟，小小的翅膀扑腾扑腾得那么急，乍一看，好像它们根本就没长翅膀似的。

　　暑气袭人的午后，女人们放下窗帘，把毯子铺到地上，乘凉、打盹儿。而此时的野外，牛群躲到枝繁叶茂的树下，挤在头顶烈日的浓荫里。下午极静极静，但声音却无处不在。蜜蜂在苜蓿丛中嗡嘤着；远方的田野上，一台老式蒸汽扬谷机扎扎扎的声音，隐约可闻；鸟雀在铁皮屋檐下飞来飞去，发出沙沙的声响。

山那边的土路上，尘土飞扬而起，预示着什么事情的来临。一辆车子正朝这边开来，谁喊了声"车来喽"。人们纷纷走出屋子，一边审视着渐渐逼近的飞扬的尘土，一边猜着车子里坐着的是什么人。

接着——这是一天中最重大的时刻——汽车缓缓地驶了过去。

"是谁呀？"

"没看清楚。"

"像是帕基·佩恩特吧。"

"不会是帕基。不是他的车子。"

过后，寂静复如灰尘一般轻轻地落了下来。你溜达着，从鸡舍前经过，一只母鸡正卧在那儿干着下蛋这样不可思议的事儿。更够味儿、更够刺激的事还是在田野上。公牛就在田野上。你可以到那儿去试试自己的胆量：看看你究竟敢与公牛挨得多近，然后再拼命跑回栅栏的这边。

男人们驮着西沉的夕阳晃晃悠悠地回到了家里，身上散发着疲惫的热气。他们坐在铁皮澡盆里，在用木桶担回的泉水洗着身子。我知道一些他们的秘密，比方说谁把威士忌酒藏在了椴木桶后面的梅森瓶子里，某某人为什么要找个借口离开厨房，溜到院子里，在那儿哈哈大笑——他到底在干着什么好事儿。

我也知道女人们对这种事的感觉，虽然不清楚她们的想法。甚至在那个时候，我就明白夏夜的清风都给毁了。

太阳落山了，人们坐在自家的门前。暮色渐浓，萤火虫刚飞出来就被捉住、装进了瓶子里。浓重的暮霭融进了苍茫的夜色里。一只蝙蝠从土路上飞掠而过。那时，我不怕蝙蝠，我只怕鬼魂。鬼魂们使得就寝时分，哪怕是在一间快熄了煤油灯的屋子里，也是那么令人恐惧。

我更怕的是癞蛤蟆，尤其是门阶下面的那些。只要一碰到它们，就会使我身上起鸡皮疙瘩。人人都是这么对我说的。一天夜里，我被允许待到很晚，一直到星星布满了天空。村里，一个老年妇女快要死了。据说这个时候让孩子们在屋外待到深夜，是吉利的。我们四个人在黑夜里坐着。一颗流星划过夜空，谁说了声："许个愿吧。"

我不懂得这句话的含义，也不知道自己该许个什么样的愿。

摘自：《黄金时代（学生版）》2012 年 8 期

爸爸是我的"粉丝"

1996年，我考入四川师范大学电影电视学院。一个学期结束后，我回家过春节，突然觉得家里空荡荡的，好像少了很多东西。

就在那天，来我家做客的舅妈突然莫名其妙地对我说："娜娜，你要不就别上学了。"我很惊讶。舅妈吞吞吐吐地说："你家里可能交不起学费了……"我还没回过神来，突然进屋的爸爸吼道："怎么交不起学费了？我就是贷款，也要让娜娜上学！"

后来，我才知道，爸爸的公司出了大问题，损失惨重，逼债的人都找上门来了。家里的大变故让我一下子成熟了，一门心思地想着要帮父母还债。那年暑假，我就出去打工挣学费了。

汶川地震后，我第一时间打电话给家里，但怎么都拨不通，我的心提到了嗓子眼儿，因为家乡中江县离震中汶川仅80公里。一个多小时后，电话终于通了，爸爸说："咱们家的亲戚都在广场上，很安全，地震根本不厉害，放心吧！"可当晚我却从电视里得知家乡已成了人间地狱。

第二天，我打电话跟我爸说，我要回去接他们出来，但爸爸不等我把话说完，就严厉地说："现在很多志愿者都在往四川赶，你不要回来，免得占了他们的机票和道路，这样可以有更多的人获救，放心吧，我们现在住在非常安全的三星级宾馆，有地毯，有席梦思，你在外面多做一些赈灾工作，我和你妈妈就会很开心啦！"5月22日，我终于回到了家乡，看见家里的房子已成危房，父母和舅舅、舅妈，还有爷爷、奶奶，6个人挤在一个帐篷里。帐篷的地上铺着一张广告纸，而这就是爸爸所说的"三星级宾馆"……

在我成长的过程中，爸爸对我的欺骗还有很多。

当年我刚进《快乐大本营》当主持人时，由于经验不足，不少观众质疑我做主持的能力，饱受打击的我曾一度想要放弃。那段时间，是爸爸一直鼓励着我，才使我坚持下来并最终走向成功。

那时候，有三个热心的"粉丝"一直支持我，时常给我发短信："我很喜欢你轻松活泼的主持风格，你是我的偶像。""看到你昏倒在舞台上，我深深被你震撼了，眼泪一下子就涌了出来。""你这么敬业，相信你一定能成为中国最出色的女主持人。"这些短信给了我无穷动力。我将他们的手机号存了起来。

感情遭遇不顺的那段时间，又是那三位一直鼓励我的人给我发来短信："除了爱情，你还有粉丝，还有家人。""你在我眼中一直是阳光的，你如此消沉，伤害的不仅是你自己，还有热爱你、一直支持你的我们！"

我被彻底感动了，决定向他们说一声感谢。然而，当我一个个电话拨过去，好不容易打通时，才惊讶地发现，那3个号原来都是爸爸的——为了鼓励我，他买了3个手机卡，时常用不同的手机号给我发鼓励短信。

有一次，我要到成都签售新书，我打电话回家，问爸爸妈妈有没有时间到成都去。爸爸听了我的话后连忙说他和妈妈工作忙，抽不开身，不然一定去为我捧场。

签售的那天下午，签了一个多小时后，我接过一位中年男子手中的书，突然看到书中附着一张写着"娜娃子，我也是你的粉丝"的纸条，我先是一愣，抬起头来，不禁泪流满面："爸爸！怎么是你呀！"我一下子扑进爸爸的怀里，这是一个太大的惊喜。

从爸爸的肩头抬起头来的那一刻，我忽然明白，天底下的爸爸都是儿女的"粉丝"！

摘自：《晚报文萃》2010年

拙，一种深藏不露的智慧

一个人不聪明，动作迟钝，反应慢半拍，就会被人讥为"笨拙"。但有的人故意表现自己笨拙，所以老人家自称"老拙"，高僧大德自称"拙僧"，以"拙"自得，以"拙"自谦。其实"拙"是一种深藏不露的智慧。

大智若愚是拙

有的人深懂处世哲学，知道不该出头的时候不能强出头，不该显露锋芒的时候不要锋芒毕露。平时总是表现出愚笨的样子，其实他冷眼旁观、分析局势的变化，必要的时候，总能一语点醒梦中人。

难得糊涂是拙

郑板桥先生一生为官，自有一番心得，他曾以"难得糊涂"四个字，卖给有钱士绅三十两白银。其实，"难得糊涂"的价值何止三十两银子，能懂得此中之妙的话，可说一生受用无穷。

装聋作哑是拙

有一次，六祖惠能大师集合大众说："吾有一物，无头无尾，无名无字，无背无面，诸人还识得否？"神会禅师即刻站起来回答："这个我知道，是诸佛的本源，是神会的佛性。"六祖听后呵斥他："跟你说过，无名无字，你偏要唤作本源，偏要唤作佛性，你就是将来有出息，也是个知解宗徒，也只是个知识分子！"所以，有时候装聋作哑是比语言更高的智慧。

以退为进是拙

有的人，利益当前，明明可以抢占，却放弃；明明可以高升，却后退。有人以为他放弃机会和成就，太愚笨了。其实他深知"进步哪有退步高"，所以一点也不笨。

呆若木鸡是拙

有一位斗鸡师名叫纪省子，训练斗鸡远近闻名，他接受周宣王之托，训练一只勇猛无比的斗鸡。数十日后，宣王催问结果，纪回答道："还不行，此鸡生性自狂自傲，只会虚张声势，其实遇到强者，不堪一击！"

宣王等了多日，再问如何？纪回答道："还是不行，此鸡沉着不够，一听到其他鸡叫就会冲动，还不是大将之风！"又过多日，宣王再催，纪回答道："大王！现在仍不行，此鸡一接近其他鸡，就会雄赳赳气昂昂，如此匹夫之勇还不是最好的斗鸡。"最后，宣王失望，不再催问。

一日，纪省子主动向周宣王报告："大王！任务已完成。此鸡现在听到其他鸡啼叫，恍如不闻；见到其他鸡跳跃，恍如不见，简直就像一只木头鸡，气定神闲，已是全能全德。其他斗鸡只要见到它，就会落荒而逃，不战而胜，这才是真正的斗鸡。"可见，"呆若木鸡"非拙也。

唐宋八大家之一的苏东坡曾慨叹："人皆养子望聪明，我被聪明误一生。"可见"拙"一点，人生比较平安、顺利。

来源：搜狐网

内向性格的力量

九岁的时候，我第一次参加夏令营，与别人不同，我的行李箱里塞满了书。

你可能觉得我是不爱交际的，但是对于我来说，这真的只是接触社会的另一种途径——享受家人静坐在你身边的温暖亲情，同时也可以自由地漫游在你思维深处的冒险乐园里。我希望野营也能变得像这样子，十几个女孩坐在小屋里，惬意地享受读书的过程。

然而，从第一天开始，老师就把我们集合在一起，并且告诉我们，在野营的每一天我们都要大声的、喧闹的、蹦蹦跳跳的，让"露营精神"深入人心。虽然这并非我愿，但我还是照做了，我尽了最大努力，等待可以离开这个聚会，捧起我心爱的书。

晚上，当我第一次拿出书的时候，屋子里最酷的女孩问我："你为什么这么安静？"第二次拿出书的时候，老师来了，重复着"露营精神"有多重要，并且说，我们都应当努力变得外向一些。于是我收起书，把书放在我的床底下，直到回家。我对此很愧疚，就好像是书在呼唤我，而我却放弃了它们。

这样的故事，我能讲出50多个版本，它让我认识到"外向"已成为趋势。但内向性格就是次一等的吗？要知道，世界上每两三个人中就有一个内向的人，而他们都要屈从于这样的偏见，一种已经深深扎根的偏见。

独处的顿悟

变得外向些，于是我的第一个职业是律师，而不是一心向往的作家。一部分原因是我想证明自己也可以变得更勇敢，所以做出了一些自我否认的决定，就像条件反射一样，甚至我都不清楚自己做出了这些决定。

这就是很多内向人正在做的事情，这是我们个人的损失，也是我们所在团队的损失，更是整个世界的损失。我没有夸大其词，因为内向的人本可以做得更好。

真正的"内向"到底指的是什么？它与害羞是不同的，害羞是对社会评论的恐惧，而内向更多的是对于刺激所做出的回应。所以，当内向性格的人处于更安静的、更低调的环境时，才能把他们的天赋发挥到最大。

然而我们最重要的体系，比如学校和工作单位，这些都是为性格外向者设计的，有着适合他们需要的刺激和鼓励方式。举个例子，在我上小学的时候，学生都是一排排坐着，大多数功课都要靠自己自觉完成。但是现在的（西方）典型教室，是让四五个或者六七个孩子面对面围坐在一起，他们要一起完成小组任务，甚至像数学、写作这些需要依靠个人闪光想法的课程也是如此。而那些喜欢独处，或是乐于自己一个人钻研的孩子，常常被视为局外人，甚至是问题儿童。而且大部分老师都相信，最理想的孩子应该是外向的，甚至说外向的学生能够取得更好的成绩。

同样的事情也发生在我们的工作中。绝大多数工作者都工作在宽阔且没有隔间的办公室里，他们暴露在这里，在不断的噪声和同事的凝视下工作。

其实，历史上很多杰出的领袖都是内向的人，富兰克林·罗斯福、罗莎·帕克斯、甘地等，他们都把自己描述成内向的、说话温柔的人，但他们依然站在聚光灯下，是真正的掌舵者。事实上，那些擅长变换思维的人、提出想法的人，有着极为显著的偏内向痕迹，而独处是非常关键的因素。

对于一些人来说，独处是他们赖以呼吸生存的空气。事实上，几个世纪以来，我们已经非常明白独处的卓越力量，只是到了近代，我们开始遗忘它。如果你看看世界上主要的宗教起源，就会发现它们的探寻者：摩西、耶稣、释迦牟尼、穆罕默德等，那些独身去探寻的人，在大自然中独处思索，才有了深刻的顿悟，之后他们把这些思想带回到社会。

现代心理学告诉我们，当你与其他人共处时，会本能地模仿别人的想法和习惯。毫无疑问，这会侵蚀你自己的思想。既然认同这个观点，为什么我们的学校、工作单位要让这些内向的人为了只是想要一个人独处一段时间的事实觉得愧疚呢？

没有谁会说社交技能不重要，也不意味着我们都应该停止合作，内向安静的史蒂夫·沃兹尼亚克（Stephen Gary Wozniak）和激情四射的史蒂夫·乔布斯联手创建的苹果公司就是最好的例子。我只是希望大家知道，越给内向者自由，让他们做自己，他们就会做得越好！

内向的震撼

我的祖父是一名犹太教祭司，就像我的其他家庭成员一样，祖父最喜欢做的事情就是阅读，还有他热爱的宗教。62年来，每周他都会从阅读中汲取养分，并向各个地方前来的信徒宣讲。而这个角色下隐藏着的是：祖父是一个非常谦虚、非常内向的人。在向人们讲述的时候，他尽量避免视线上的接触；演讲之后，当人们想向他问好的时候，他总会提早结束这样的对话。但是在他94岁去世时，警察需要维持他所居住的街道的秩序，以帮助拥挤的前来哀悼的人们。

而我正在试着学习我的祖父，因此我写了《安静：内向性格的竞争力》这本书，并把它讲述给大家。这对于我来说是有一点困难的，所以我花了一年的时间练习在公共场合发言，我把它称为"危险地发言的一年"，而今我做到了！

不论是内向者还是外向者，我有三个建议，希望对你有所帮助。

第一，停止对于经常需要团队协作的执迷与疯狂。思维碰撞、交换意见很棒，但是我们需要更多的隐私和更多的自主权。学校也一样，教会孩子们怎样独立完成任务，这对于外向的孩子来说同样重要，从某种程度上讲，这是对他们深刻思考的练习。

第二，到野外去打开思维，就像佛祖一样，拥有你自己对于事物的独到想法。这并不是纵容你的躲避，而是帮助我们去除思维的障碍物，让我们有机会思考得再深入一点。

第三，看看你的旅行箱内有什么东西？内向者很可能有保护一切的冲动，但是偶尔地，只是偶尔地，希望你们可以打开手提箱让别人看一看，因为这个世界需要你们，同样需要你们所携带的特有事物。

所以对于你们即将走上的所有旅程，我都给予你们我最美好的祝愿，还有温柔地说话的勇气。

非常感谢你们！

来源：苏珊·凯恩Ted演讲

做一个敢于仰望星空的人

25岁这一年，青禾不顾上司的挽留和父母的反对，辞了渐渐稳定的工作，在她想要去的那个城市租了房子，开始准备考研。

几乎所有人都劝她放弃。

读过研的同学告诉她其实读研也就是那么一回事，换一个地方和另一群人无所事事几年，毕了业依然要和学历比自己低的人一起竞争；上司告诉她，如果她不辞职继续努力一下马上就可以升职，到时候会有一笔可观的工资；父母说他们老了，没有能力再给她提供学费生活费了，他们希望她来养这个家……

身边所有人都不理解她为什么突然决定考研，在旁人看来，本科毕业的她没有直接读研而是选择了工作，工作稳定之时她却又放弃了可以得到的所有，选择从头再来，毋庸置疑，从头到尾，她做的都是错误的决定。

可是青禾还是做了，不管不顾，干扰因素再多，她也不在乎，她就是想去她向往的城市继续深造。

有人问她为什么，她说为了理想。

青禾已经不记得自己为什么那么向往读研了，她记得的是从大一开始她就已经在准备考研了。本科是喜欢的专业，所以她认认真真上每一堂专业课，修了许多相关的选修课来为考研打好基础。同学们从高中到大学开始堕落，可她却还是过着和高中一样的生活，每天6点起晚上11点休息。她在无人的操场上大声朗读英语，去参加英语角练习口语，去参加各种讲座。大学里，她没有一丝一毫的松懈。

大四那年，她获得了保研名额。她觉得她的努力总算没有白费，她的梦想触手可得。但是现实很残忍，她的父母不支持她读研。

青禾一直知道自己想要读研的决定不会被父母支持，所以她一直很努力，努力地兼职赚钱，努力地学习拿奖学金，努力到得到了保研名额，可是她的父母还是不同意。原来，无论她怎么做都不够。

青禾来自一个小县城，家境一般，她的大学学费全部是贷款的，她知道父母负担不起自己的读研费用，她也觉得她不应该再是父母的负担，所以她让自己变得足够优秀，她也一直以为只要自己不再是父母的负担就可以，却发现原来她不仅不能是负担，她还要负担家里，负担她还小的弟弟。

她终究还是与梦想失之交臂，凭借还可以的简历找了一份还可以的工作，养着自己也养着那个家。工作的那两年，她也不曾放弃自己的梦想，她会做一些相关的兼职，关注着相关的动态，她忘不了自己的梦想。

王尔德说：我们都在阴沟里，但仍然有人仰望星空。青禾不仅在仰望星空，她还想要得到喜欢的那颗星星。哪怕没有人支持，她也不在乎。

工作的这几年，青禾也想过如果她是一个没有理想的人就好了，那样她可以在大学里放肆地玩，然后拿一个文凭，毕业后按照父母的意愿工作结婚，一辈子就这样碌碌无为，做一条永远不会翻身的咸鱼。但是很可惜，她不是，她已经见过更加广阔的世界，她回不去曾经那个狭隘的自己，更何况不管她生活在怎样的环境里，她都有自己想做的事情，她也愿意为之努力。

张爱玲一生有三恨：一恨海棠无香；二恨鲥鱼多刺；三恨红楼未完。而青禾只恨自己没有坚持自己。这么久以来，她一直遗憾两件事，一是学院有出国交换的项目，本硕连读只需要读4年，她符合所有的条件，但她放弃了，因为出国的费用真的太贵了，她实在没有办法负担，二是毕业那年她没能拗过父母选择了工作放弃了近在眼前的保研名额。

而现在，她终于没有办法忽视自己的内心，不论过去多久，她依然不能说服自己就这样按照父母的安排生活，她也不甘心就这样放弃自己的梦想，所以她决定重新追求自己的梦想，哪怕身后空无一人。

其实我们每个人都只是平凡人，我们想做的事情也要很难才能完成，更或者即便全力以赴也不一定会成功，也许我们走了许久的路也到不了目的地，但无论如何，只要有梦想就是好的，只要我们敢于仰望星空，就总有机会实现梦想。

浮生一场，有人沉沦，有人平凡，也有人站在山峰俯瞰众生。所有人都想做站在最高处的那个人，但总有人中途退出有人放弃，所以最后抵达目的地的只有那寥寥数人，只有那很少一部分人功成名就被人仰望。可我们得记得，没有人能随随便便成功，那些成功的人也曾在阴沟里被淤泥缠身，只是他们比大部分人强，他们出发了就不曾后退，旁人冷言冷语也不在乎，他们只是想做一个有理想的人。

来源：搜狐网
原标题：《飞蛾扑火，我却甘之若饴》

我还想像小时候一样，永远想去爱

一

读那本书的那年，我20岁，还在洛杉矶上大学。外婆在那个暖和的冬天突然病重。那时，我一直在看这本《最后14堂星期二的课》。

在书中，一位老教授身患渐冻症。在人生的末尾，他对着每周来探望自己的年轻学生，讲了对于生活、生死的领悟。

感谢这本书帮助我，让我能面对亲爱的外婆的离开。几年后，它又陪着我经历了我亲爱的叔公的故去。

我小时候，外公外婆就住在我们隔壁，两幢房子共用一个大门。他们陪伴我成长。外婆跟我一样，脸圆圆的，眼睛也圆圆的，身体胖胖地摊开来。她是四川人，会给我做世界上最好吃的干煸四季豆和麻酱面。

她是个可爱的老人。每次我要出门，她都要指着自己的脸说"亲亲"，要亲了才能走。她还爱开玩笑。有时她会故意叫外公："相公你来啦！"性格很认真严肃的外公就会躲开说："哎，你干吗啦，没事这么乱叫！"

后来，外婆生了病，常年需要洗肾。我课余陪她去。两根管子，一根抽血出来，一根把净化后的血液输回身体，过程漫长极了。但她从来都是有说有笑，不认为那是苦差。连医生给她配药，她也要挑挑拣拣一番："这两颗我吃，别的可不可以不吃？"像小朋友一样。

看到她这样，我也觉得她的病没什么。她会一直握着我的手，每天亲我的脸，给我做好吃的，跟外公开玩笑。日子还长。

二

但我错了。

突然间，外婆的状况就恶化了。洗肾很快就不起作用了，但还是要洗。我也仍然陪着外婆去医院，但我再也轻松不起来。我想我是不明白，为什么尽头这么快就近在眼前。

出门前，我把这本书揣进包里。我渐渐觉得，我需要它。

在外婆身边，我翻开书。书里写道："人人都会死，但人人似乎都不相信。"又写道："爱是唯一理智的事情……凡事不吝啬，与你所爱的人分享，才会真正满足。"

看到这种句子，我就会忍不住合上书，看看外婆。

原来死亡离我们很近。这时我才真正感觉到，原来跟她相处的每一分每一秒都很珍贵。我不得不接受至亲就要离去的事实了。

外婆是真正懂得分享的人。她这一生没有太多事业成就，把一切奉献给了家庭，给了她所爱的人。而且她关爱的不仅是自己的子女，几十年来，她还一直把我叔公当亲弟弟一样照顾。

在他们年轻的时候，战乱和迁徙是常见的。我叔公是外公的堂弟，因为家贫，他十几岁时就从河南老家来到四川，投靠了外公；在战时又跟着外公一起去了台湾。一般来说，丈夫的远房亲戚来投奔，还要住在一起，有人难免就不舒服了。但外婆很大气，一直对叔公很好，照顾他读书、工作，从来没有抱怨过。

叔公第一次出去应聘工作的时候，外婆给他买了一套很好的西装，花掉了相当于外公一个月薪水的钱。叔公很感激，后来他经常跟我提起，那是他拥有的第一套也是最喜欢的一套西装。

也许就是因为心善，外婆一直是有福的。她走的时候，亲人都环绕在她的床边，只差我姐姐一人。等我姐姐匆匆从台湾赶到美国，刚跨进病房，外婆就笑了，伸手指了指她，然后闭上了眼睛。

三

过了几年，我大学毕业，从美国回到台湾，偶然买了一本英文书叫《Tuesdays with Morrie》。读了才发现，咦，这就是《最后14堂星期二的课》嘛。

这是我第二次读这本书。恰好，这时，我又有一位重要的亲人要离去了，是叔公。

如果说外婆教会了我如何分享，那叔公就让我学会了如何感恩。他这辈子没有结婚生子，一直都把我和姐姐当亲孙女一样疼爱，每天送我们上学，接我们回家，带我们游戏、玩耍。他自己很勤俭，出门都走路、坐公交车，但常常给钱让我们坐计程车。

那时候，市面上有一种已经停产的50元新台币的硬币。我觉得很稀奇，每次遇到都收起来。叔公也帮我留意，常常一见面就给我两三个，直到我长大。那是我俩的一个小默契。叔公去世前，我攒下的硬币已经有饼干盒那么大一盒。

即便在最穷的时候，我也没有花掉它们。

四

叔公是河南人，说话一直都有乡音。他喜欢叫我"小果果"，说我是他的开心果，但因为他的口音，别人都以为他说的是"小狗狗"。

去世前，他希望能落叶归根。我和妈妈就带他回老家河南光山。去机场的路上，我们还一起高高兴兴地合唱着他最喜欢的歌："小城故事多，充满喜和乐。"这也是我听的第一首流行歌，是小时候叔公带着河南乡音唱给我听的。

叔公很开心，我们也跟着高兴。但是当我们把他托付给当地的亲戚朋友后要离开的时候，我突然意识到这一别或许再也看不到他了。我哭着握紧了叔公的手，怎么都不想放。

叔公去世的消息是妈妈在电话里告诉我的。听到以后，我愣了好久。

2012年，我为叔公写了一首歌——《叔公的小城故事》，回到小时候叔公常带我去的植物园拍MV。我很惊讶，小时候觉得那里好大，怎么走都走不到头，原来是这么小啊。以前倒在荷花池边的那棵歪脖子树，叔公曾看着我在上面爬来爬去，现在也找不到了。

五

现在，那一代老人都故去了，而我也有了自己的家庭。

你问哪里是我的家？有我的老公、宝宝的地方就是我的家。

外公、外婆和叔公，也都跨越过千山万水。我想和他们一样，跟着生命自然成长的方向，跟着爱的方向去生活。在死亡之前，必须要活得更投入、更好，就像书里说的一样，每天早上你睁开眼睛的时候都可以问自己："你做好准备迎接这一天了吗？"

我还想像小时候一样，永远想去爱，感觉到被爱着。

不过，现在我更有责任感了。我想让我的孩子能因妈妈而自豪。我希望他开朗、快乐、懂得感恩和分享，希望他的心灵饱满。

至于他以后要做什么，如果他觉得做个杯子很满足，那就去做，那都是有意义的。

摘自：《意林（原创版）》2018年4期

第四章

平常心　心平常

静秋有天下最好的继父

我还读小学时，亲生父亲就在一场车祸中遇难。我痛心地以为，父亲走了，从此世界上不会再有一个男人像父亲一样爱我。而继父的出现，消除了我心底的隐忧。

一个冷冷的冬日，母亲带着我走进继父的家。我至今还记得当时的场景：继父穿着蓝色的旧棉衣，将双手搓热后紧紧捂在我的小手上，说："小雨，这里以后就是你的家。"我冷冷地瞟了他一眼，把头埋在妈妈怀里，泪流满面……

继父让他那比我大一岁的儿子搬出次卧，住进狭小的阁楼里，让我住进原本属于哥哥的房间。尽管继父的爱如阳光般照耀着我，但我总觉得这种爱冷冰冰的，没有热度。

初三那年，母亲和继父又为我生下了一个妹妹。母亲本就没有固定工作，继父月收入不过2000元，一家五口的日子捉襟见肘。为挣钱补贴家用，母亲从工艺品厂拿回两编织袋珠子，让我每天晚上做完作业后，坐在灯下串珠帘。几天后，我放学回家，见母亲坐在窗前眼泪汪汪，担心地问她："妈，你怎么了？是不是他欺负你了？"

母亲哽咽着说："小雨，你叔叔是天底下难得的好人。我让你晚上串珠帘，他担心你睡不好，第二天上课精力不集中，和我大吵一场。这不，他已将珠子全部送回厂里了。"

我从小就有舞蹈天赋，进入石家庄十二中后，老师鼓励我参加学校艺术特长班。学舞蹈要买练功服、舞鞋，还要缴纳不菲的培训费。这样一来，我比其他同学每年要多出几千元花销。

从2008年3月开始，继父每天晚上都出去，很晚才回来。我多次问他："你去干什么？"继父呵呵一笑："我最近迷上了象棋，每晚都要与老朋友杀几盘。"原来如此！但继父身上散发的淡淡药香又让我疑惑丛生。

一天深夜，我半夜醒来上洗手间，客厅里的一幕刺痛了我的双眼：昏黄的灯光下，继父光着膀子坐在沙发上，后背贴满了膏药，我似乎意识到了什么，冲过去问母亲这是怎么回事。母亲含泪告诉我："你叔叔为了给你挣培训费，每天晚上都去建筑工地背水泥。"我再也控制不住自己，饱含深情地叫了声"爸"。继父轻轻摩挲我的头发，说："小雨，我等这一天已等了很多年。我太幸福了！"

父亲身上的片片膏药，是我奋进的动力。2009年5月，我有幸被著名导演张艺谋发现，出演影片《山楂树之恋》的女主角静秋。戏拍完后，我将片酬全部交给继父："爸，我能挣钱了，你不用像以前那样劳累了。"

9月中旬，我赴北京参加《山楂树之恋》首映式，有记者问我："能成为张艺谋导演戏里的女主角，是不是你最引以为自豪的？"我告诉记者："能上张导演的戏，只能说明我比其他人多一份幸运。我最骄傲自豪的，是我拥有一位天底下最博大无私的继父，没有他的付出，就没有我的今天，我会一直敬重他、孝顺他，将他当作亲生父亲。"

摘自：《意林》2010年22期

在天才和勤奋之间，我选择勤奋

大家好，我是刘璇。

演讲之前我想先咨询一下你们这边，大多数是几零后？

95后是吗？那我有必要自我介绍一下。

很多人是从我练体操时期开始认识我的，估计这是在85后之前的这些人。从退役之后，我先是去了北大读新闻专业，其次我也做了演员、主持人、歌手。几年前，我结婚，生孩子了，最近的身份是一名母亲。当然我也贴近时代潮流，成了一名创业者。这些年我经历了非常多的身份，也让大家看到很多面的刘璇。我很骄傲我拥有这么多的身份，有过这多丰富的尝试和历练，这是少数人的人生不是么？因为无论身份如何的变化，引领我的人生信条和思维方式始终是统一的，这影响了我的人生，我也想将我获取的心得分享给大家。

运动员生涯教会我的信念

首先我们从运动员生涯来讲吧，运动员生涯教会了我信念。运动员的人生其实和大部分人是相反的，只要你决定了你要当竞技运动员、专业运动员的那一刻，你就选择了一条"精钻"的道路，所以它呈现的是一个倒的金字塔。我想问一下 12 岁的时候大家正在做什么？

上小学，这是小学刚毕业的时间吧。

12 岁的那一年，我拿了全国冠军，全国拿冠军最小的纪录的保持者。20 岁的时候，我觉得这个年纪应该是最轻松的时刻，因为你们终于摆脱了高考的噩梦，而在那个年纪呢，也正好是情窦初开的年纪，可以好好享受青春的时候。但是在这个年纪，20 岁，我正在备战奥运会。每天在训练馆里超过 10 个小时的超高强度训练，那时候我要顶着奥运会的压力，同时身上要背负着我们国家的责任和国家的荣誉，因为我们的使命就是希望在异国他乡奏起我们的国歌和升上我们的国旗。20 岁那年我拿了奥运冠军，登上了大众眼里所谓的人生高峰，受到了万众瞩目。

然而，"高峰"并不容易触及，尤其是当时对于一个高龄的、参加过两届奥运会的女子体操运动员来说。我们中国的女子体操运动员退役的年龄在 17 岁或 18 岁，而且我第一次参加奥运会的时候就是 16 岁，本应是出成绩的时候，但在比赛前，我受伤了。更不幸的是，我独创的动作"单臂大回环接单臂金格尔"在奥运会前的一次比赛中被裁判否定了。也就是说，我们出去打仗，核武器失效了。多重压力下，那届奥运会我真的比得一塌糊涂。

但那届奥运会算是我运动生涯的一个分水岭。按照体操运动过往的经验，我必须要退役了，但我心有不甘，加上湖南省全运会需要我，我留了下来，准备再战一次。留下来可能根本出不了成绩，还会挤占年轻运动员的机会，很多人反对我继续练下去。但更多的是，没有这样的先例，因为我这个年龄都已经退役了。

从亚特兰大奥运会到悉尼奥运会的这四年，我过得非常的艰苦。特别是刚开始恢复训练，我不仅要面对外界的质疑、队友的竞争，还加上对自己能力的怀疑，与倒退的身体机能的对抗。更要命的是，以前带我的教练出国了。一个运动员没有了教练，就等于没有了父母，我被迫纳入其他组，我就像一个被遗弃的小孩，被领养一样的感觉，天天都有那种不是亲生小孩的自卑感。在这种状态下我暗暗给自己发誓，我要比之前任何时候都要努力。

在我那四年的努力之下，2000 年悉尼奥运会上，也是中国女子体操的一个低潮期，而且在我当时的年龄阶段是一个不可能出成绩的阶段，我的第二次奥运之旅，以 20 岁 + 的高龄，拿到了平衡木冠军，并且打破了这个项目"零"的突破。

回想我的运动生涯，它赋予我的最大荣耀是一尊奥运冠军，但如果没有这尊冠军，难道我的人生就没有意义了吗？当然不是的！"攀登顶峰，这种奋斗的本身就足以充实人的内心。人们必须相信，垒山不止，就是幸福。"

勇于突破舒适区

我觉得每个人可能在新开始一件事情的时候，最初他都需要一种勇气，勇于突破舒适区。在退役之后，我进入北大学习新闻。对于大学生活，我跟可能在座的很多同学一样，有着很美好的憧憬，想谈一个恋爱啊什么的。但现实很快给了我迎头一击。比起体操队准军事化的严苛管理，大学的自由和闲适让我一时难以适应。从前的我，每一天中的每一分钟，每一个小时，每一个时间块儿都是被严格切割的，我清晰地知道自己接下来要做什么，但大学就完全要靠自己了，对于宽裕的时间和充分的自由，我一时间难以适从。要知道，我就读的是北京大学，我身边的同学都是各省市的文、理科状元，当然我也是状元——体育状元。但是体育状元这个时候在学习能力上，真的远不及我的同学们。

当年，01届北大新闻学院还没有免修高等数学，而我，几乎没有数学基础。让我一上来就学高等数学，就像现场，我要在你们当中任何一个人拎起来，到体操赛场上的平衡木上走一走，或者双杠上做个大回环一样，你们知道有多难吗。有一天，老师给我们上高等数学，那天我觉得自己状态特别特别好，我跟旁边的同学说：我好像听懂了！特别高兴和兴奋。但老师接着说：好了我们现在是在复习的是初一的内容。当时，我真的是好绝望。

第一次考试，可想而知。我自己知道无法及格，然后我就在卷子的边边上写了一小行话，一是给老师道歉，第二也是有一个侥幸的心理。我说："老师我尽力了，请老师多多关照。"最后，成绩是 38 分，迎接我的果然是补考。

这是退役后我学到的一课：你是奥运冠军，但在你做学生的时候，唯一能参考的标准就是学生的标准。

最后我是怎样通过数学考试，拿到北大文凭的呢？答案很简单，死记硬背。现在你要问我高等数学的公式，都不见了。在北大学习期间，我曾经利用假期参与一些外界的演艺活动，包括我的第一部电影《我的美丽乡愁》也是在寒假拍摄的。但在学期中，我从来没有缺过课，在习惯了大学生活后，我开始重新切割我的时间，告诉自己要合理利用每一块时间，补齐我的短板。

现在，我依然延续了这种严格的方式，而且用来规范教育我的下一代。

我知道每个父母都爱自己的孩子，希望给他们最好的。那我的儿子熊赳赳呢，现在快 3 岁了。我从没有给他看过动画片，没有给他看过电视，没有拿过手机，不看 Pad。我会严格规划他的休息时间。

在我看来，孩子最大的榜样和最大的执行力应该源自父母，但是作为父母，大多数人对于自己制定的规则执行得并不好。也许有人会说，哎呀，你怎么那么严厉啊，你太"军事化管理"了吧。在他们的眼里，我的行为成了异类。即便这只是一条少数人坚持的道路，只要我认定它是正确的，我就一定会坚持下去。

所谓的自由，从来都是建立在自律之上。

身为运动员，要不断突破舒适区，探索自身能力的边界，才有可能创造更好的成绩。在做演员时，我用同样的标准要求自己。2009年到2013年这段时间，我去了香港发展，签约了TVB，我希望在这里，打破大众对我的认知，重新认识一个身为演员的刘璇。

我在TVB的第一部戏叫《女拳》，虽然已经有了不少演戏的经验，但我面临的最大问题是——语言。粤语我完全不会，并且听不懂。

尽管在我的身上有着奥运冠军的光环，我可以告诉自己，拍戏已经很累了，而且是打戏，并且监制也不需要我讲粤语，让自己轻松一点吧。但如果真的这么做了，我能不能过自己这一关呢？我不能，因为我没有尽力。同样的，做演员时我就会以演员的标准来衡量自己。

所以我就逼着自己学粤语，找了一位香港的朋友，让他用粤语把我的台词全部读下来、录下来，我天天听，天天练，每天只睡三个小时，硬是靠死记硬背把这些发音全部都背了下来。三个月下来，戏拍完了，我也学会了粤语。

那是我刚开始在香港拍戏时的故事。和演戏比起来，主持其实是一个更大的挑战。我有句话形容自己的个性，叫作"黄花鱼溜边走"，我非常不喜欢在一个大的场合中被人关注，就像此时此刻。因为站在这个上面，你又一次不在自己的舒适区里。

我记得第一次接主持活动，接到的是一个很简短的主持稿，其实现在看起来简单，也就这么长，而且还有搭档。但当时我背了好久，不是因为我记不住，而是我需要练习到就算再紧张，这段话我也熟练到可以不需要大脑就能溜出来的程度。在后台，我的紧张全写在脸上，手心里全是汗，旁边的人问我：哎，几万人看着你比赛，也没见你紧张，怎么千百个人让你紧张成这样？

因为我说，那不是我的舒适区，也不是我的专业。从内心而言，我特别不想接主持的工作，因为很辛苦，在最初也让我倍感折磨。但我学习的是新闻专业，我最开始的愿望是想要成为一名综合体育记者，这是我的必经之路。

人生不会那么幸运，每件你要做的事情都会落在舒适区里，都会是你喜欢的。会吗？不会的，对不对。有的时候就是这么巧，越不喜欢的事情就越往你身上来，逼迫着你要换一个思维角度去看问题，让你在尝试中挑战自己，看自己的能力极限在哪里。

我愿意不断地去挑战自己，是因为，从运动员时期我就知道，如果你不珍惜这次机会，老天爷就不会再给你下次机会了。而当你在努力做着自己并不那么喜欢的东西，它同时也会指引着你，帮助你达到你看不到的、更高的目标。就像以前，我觉得我绝不可能做生意或者创业，但我现在有了自己的品牌，一个女性运动服品牌，我现在想把它发展壮大。

所以，每当我接到新的工作，我都会去努力学习，花更多的时间去学习，通过学习和实践积累，积累到一定量的时候，你发现自己做得得心应手了，也就真的喜欢了。对于我来说，唱歌、主持，都是在这种心态下慢慢接受和学习的。

在我人生的前二十年里，我是一名运动员，从退役到现在，我是演员、主持人、歌手以及现在的创业者，我愿意不断为自己的人生加码，也非常享受这些不同的身份带给我的历练。我从不纠结于我应该成为一个怎样的人，我在意的是，在我努力之后，我能够成为一个怎样的人。就像爱因斯坦说的，在天才和勤奋两者之间，我毫不迟疑地选择勤奋，它是几乎世界上一切成就的催产婆。

这也是刘璇之所以成为刘璇的原因，谢谢大家。

来源：《星空演讲》刘璇演讲稿

在遭遇狼群后发生的奇迹

1964年12月，我们小分队在滇西北找矿。小分队一共8人，其中4名警卫战士每人配备一支冲锋枪。

一天，出发前，一位纳西族老乡搭我们的车去维西。那天路上积雪很大，雪下的路面坑洼不平，车子行驶--段就会陷进雪里。我们不得不经常下来推车。

就在我们又一次下车推车的时候，一群褐黄色的东西慢慢向我们靠近。我们正惊疑、猜测时，纳西族老乡急喊："快、快赶紧上车，是一群狼。"

司机小王赶紧发动车，加大油门……

但是很不幸，车轮只是在原地空转，根本无法前进。这时狼群已靠近汽车。大家看得清清楚楚——8只狼，个个都像小牛犊似的，肚子吊得很高。

战士小吴抄起冲锋枪。纳西族老乡一把夺下小吴的枪，比较沉着地高声道："不能开枪，枪一响，它们或钻到车底下或钻进树林，狼群会把车胎咬坏，把我们围起来，然后狼会嚎叫召集来更多的狼和我们拼命。"

他接着说："狼饿疯了，它们是在找吃的，车上可有吃的？"我们几乎同声回答："有。""那就扔下去给它们吃。"老乡像是下达命令。

从来没有经历过这样的事，当时脑子里一片空白，除了紧张，大脑似乎已经不会思考问题。听老乡这样说，我们毫不犹豫，七手八脚地把从丽江买的腊肉、火腿还有十分珍贵的鹿子干巴往下丢了一部分。

狼群眼都红了，兴奋地大吼着扑向食物，大口地撕咬吞咽着，刚丢下去的东西一眨眼就被吃光了。

老乡继续命令道："再丢下去一些！"第二批大约50斤肉品又飞出了后车门，也就一袋烟的工夫，又被8只狼分食得干干净净！吃完后，8只狼整齐地坐下，盯着后车门。

这时，我们几人各个屏气息声，紧张得手心里都是冷汗，甚至能够清晰地听到自己心跳的声音！我们不知道能有什么办法令我们从狼群中突围出去。

看到这样的情形，老乡又发话道："还有吗？一点儿不留地丢下，想保命就别心疼这些东西了！"

此时，除了紧张、害怕还有羞愤！作为战士，我们是有责任保护好这些物资的，哪怕牺牲自己。但是现实情况是——我们的车陷在雪地里出不来，只能被困在车里；我们的子弹是极有限的，一旦有狼群被召唤来，我们会更加束手无策。

我们几人相互看了一眼，迟疑片刻，谁也没有说什么，忍痛将车上所有的肉品，还有十几包饼干全都甩下车去！

8只狼又是一顿大嚼。吃完了肉，它们还试探性地嗅了嗅那十几包饼干，但没有吃。

这时，我清楚地看到狼的肚子已经滚圆，先前暴戾凶恶的目光变得温顺。其中一只狼围着汽车转了两圈，其余7只狼没动。片刻，那只狼带着狼群朝树林钻去……

不可思议的事情发生了！

不一会儿，8只狼钻出松林，嘴里叼着树枝，分别放到汽车两个后轮下面。我们简直不敢相信自己的眼睛！这些狼的意思是想用树枝帮我们垫起轮胎，让我们的车开出雪窝。

我激动地大笑起来："……哈……哈……"刚笑了两声，另外一个战士忙用手捂住了我的嘴，他怕这突兀的笑声惊毛了狼。

接着，8只狼一齐钻到车底，但见汽车两侧积雪飞扬。我眼里滚动着泪花，大呼小王："狼帮我们扒雪呢，赶快发动车。"

车启动了，但是没走两步，又打滑了。狼再次重复刚才的动作：先往车轮下垫树枝，然后扒雪……就这样，每重复一次，汽车就前进一段，大约重复了十来次。最后一次，汽车顺利地向前行了一里多地，接近了山顶，再向前就是下坡路了。

这时，8只狼在车后一字排开坐着，其中一只比其他7只狼稍稍向前。老乡说："靠前面的那只是头狼，主意都是他出的。"我们激动极了，一起给狼鼓掌，并用力地向它们挥手致意。但是这8只可爱的狼对我们的举动并没有什么反应，只是定定地望了望我们，然后，头狼在前，其余随后，缓缓朝山上走去，消失在松林中……

摘自：《2018-2019年初中语文福建中考考试模拟试卷》

千里马之殇

今天如果你还在抱怨，不去努力，就一定成了别人！你不做，别人会来做，你愿不愿意又何妨，你不成长，没人会等你！

有一匹年轻的千里马，在等待着伯乐来发现它。商人来了，说："你愿意跟我走吗？我带你走遍名山大川！"马摇摇头说："我是千里马，怎么可能为一个商人驮运货物呢？"

士兵来了，说："你愿意跟我走吗？我带你驰骋疆场！"马摇摇头说："我是千里马，怎么可能为一个普通士兵效力呢？"

猎人来了，说："你愿意跟我走吗？我带你适应野外生存的恶劣环境！"马摇摇头说："我是千里马，怎么可能去当猎人的苦力呢？"

日复一日，年复一年，这匹马一直没有找到理想的机会。

一天，钦差大臣奉命来民间寻找千里马。千里马找到钦差大臣说："我就是你要找的千里马啊！"

钦差大臣问："那你熟悉我们国家的路线吗？"马摇了摇头。

钦差大臣问："那你上过战场、有作战经验吗？"马摇了摇头。

钦差大臣问："那你擅长野外生存吗？"马摇了摇头。

钦差大臣说："那我要你有什么用呢？"马说："我能日行千里，夜行八百。"

钦差大臣让它跑一段路看看。由于太长时间养尊处优，千里马虽然用力地向前跑去，但只跑了几步，就气喘吁吁、汗流浃背了。

"你老了，不行！"钦差大臣说完，转身离去。

今天，你做的每一件看似平凡的努力都在为你的未来积累能量；今天，你所经历的每一次不开心、拒绝，都是在为未来打基础。

不要等到老了跑不动了，再来后悔！

学历不代表有能力，文凭不代表有文化，过去的辉煌都已成为历史和回忆。

所以，昨天怎么样不重要，关键是今天做了什么，明天怎么样！

摘自：《小作家选刊（作文考王）》2009年8期

请你坚持自己的个性

1998年10月，我第一次主持《幸运52》时，非常紧张，话不知道咋说，站不知道咋站，额头冒汗，腿肚子抽筋，外加说话前后颠倒，表情极不自然，最后大败而归。

晚上，我在外面独自一人喝酒喝到很晚才回家。回到家，哈文见我萎靡不振的模样，也不说话，只默默为我准备了洗澡水和醒酒茶，然后就安排我睡下了。第二天，我的心情依旧没有好转，到了上班时间，我却害怕去台里了，但看她为我准备好了要出门的衣服和鞋子，无奈我只好悻悻地起床。临出门时，她叫住了我，对我说："李咏，无论你做什么，我希望你能坚持自己的个性，永远，永远。"

我还能说什么呢？出了家门，那句话就使我浑身充满了力量。我去了台里，大家都奇怪地看着我，因为昨天节目失败的阴影完全没有在我身上显现。我照常说笑，照常登台，第二次录播，那种怯场的感觉居然一扫而光，我那种"老说大实话"的说话风格引来了台下的喝彩声。我成功了。

那时候从观众到台里，许多人看不惯我，我忍着，打掉的牙，我往肚里吞。我自己有时候都想改了，但马上，我就想到了哈文那句话。是的，改了就不是我了。对我来说，一个主持人，个性非常关键，从出现在屏幕上开始，就得有让别人随便去说东道西的心理承受力。就这样，我的主持风格定了下来，不管我长什么样，穿什么样，我都始终保持着热情真诚的态度，不管遇上谁，有话就直说，大家一起玩。

没想到后来，喜欢我的观众越来越多，个性竟成了我节目成功的一个法宝。自从《幸运52》开播以来，这么多年我的服装款式和发型基本没变过，有人说你为啥不变，我说这就是我——李咏！

这之后，我又参与策划了《非常6+1》，同样我把自己的个性很好地融入到了节目里面。

后来我又担纲设计了《梦想中国》，策划了一场沸沸扬扬的全民造星运动，我们的口号是"激情成就梦想"。说白了，就是一个人要敢于坚持自我，坚持自己的个性。因为我已经想明白了，如今的社会，没有比个性更重要的事了。如果你不坚持自己的个性，就很容易迷失在群体的平庸里。

所以，无论如何，请你坚持自己的个性，这句话不只是说给别人的，同时也是别人对我最大的要求。

摘自：《东西南北（大学生）》2006年10期

当玫瑰花开的时候

　　老园丁培育出了许许多多品种优良的玫瑰花。他像蜜蜂似的把花粉从这朵花送到那朵花去，在各个不同种类的玫瑰花中进行人工授粉。就这样，他培育出了很多新品种。这些新品种成了他心爱的宝贝，也引起了那些不肯像蜜蜂那样辛勤劳动的人的妒羡。

　　他从来没有摘过一朵花送人。因为这一点，也落得了一个自私的名声。有一位美貌的夫人曾来拜访过他。当这位夫人离开的时候，同样也是两手空空没有带走一朵花。

　　"夫人，您真美呀！"园丁对那位美貌的夫人说，"我真乐意把我花园里的花全部都奉献给您呀！但是，尽管我年龄已这么大了，我依旧不知道怎样采摘，才能算是一朵完整而有生命的玫瑰花。您在笑我吧？哦！您不要笑话我，我请求您不要笑话我。"

　　老园丁把这位漂亮的夫人带到了玫瑰花园里，那里盛开着一种奇妙的玫瑰花，鲜艳的花朵好像是一颗鲜红的心被抛弃在蒺藜之中。

　　"夫人，您看，"园丁一边用他那熟练的布满老茧的手抚摸着花朵，一边说，"我一直观察着玫瑰开花的全部过程。那些红色的花瓣从花萼里长出来，仿佛是一堆小小的篝火喷吐出的红彤彤的火苗。难道把火苗从篝火中取出来还能继续保持着它那熊熊燃烧的火焰吗？花萼细嫩，慢慢地从长长的花茎上长了出来，而花朵则出落在花枝上。谁也无法确切地把它们截然分开。长到何时为止算是花萼，又从何时开始算作花朵？我还观察到当玫瑰树根往下伸展开来的时候，枝干就慢慢地变成白色，而它的根因地下渗出的水的作用，又同泥土紧紧地结合起来了。

　　"如果我连一朵玫瑰花该从哪儿开始算起都不知道，那我怎么能把它摘下来送给他人？如果硬把它摘下来赠送给别人，那么，夫人，您知道吗？一种断残的东西其生命是十分短暂的。

　　"每年到了十月，那含苞待放的玫瑰花蕾绽开了。我竭力想知道玫瑰是从什么地方开始开花的。我从来也不敢说：'我的玫瑰树开花了。'而我总是这样欢呼着：'大地开花了，妙极啦！'我年轻的时候，很有钱，身体壮实，人长得漂亮，而且心地善良，为人忠厚。那时曾有四个女人爱我。

　　"第一个女人爱我的钱财。在那个女人手里，我的财产很快地被挥霍完了。

"第二个女人爱我的健壮的体格，她让我与我的那些情敌去搏斗，去战胜他们。可是不久，我的精力就随着她的爱情一起枯竭了。

"第三个女人爱我英俊的容貌，她无休止地吻我，对我倾吐了许许多多情意缠绵的奉承话。我英俊的容貌随着我的青春一起消逝了，那个女人对我的爱情也就完结了。

"第四个女人爱我的忠厚善良。她利用我这一点来为她自己谋取利益，最后我把她抛弃了。

"那时，夫人，我就像一株玫瑰树上的四朵玫瑰花，四个女人，每人摘去了一朵。但是，如果说一株玫瑰树可以迎送一百个春天的话，那么一朵玫瑰花却只能有一个春天。我那几朵可怜的玫瑰花，就是如此这般，一旦被人摘下，也就永远地凋零了。

"从此以后，从来没有人在我的花园里拿走过一朵采摘的花。我对所有到我这花园来的人说：'你什么时候才能不热衷于那些被分割开来的、残缺不全的东西呢？假如你真能把每件事物的底细明确地分清楚，假如你真能弄清玫瑰长到何处算作花萼，又从何处开始算作花朵的话，那么，你就到那玫瑰开花的地方去采摘吧！'"

摘自：《中学生阅读（初中版）》2013年

思 维 方 式

1.曼德拉曾被关押27年，受尽虐待。他就任总统时，邀请了三名曾虐待过他的看守到场。当曼德拉起身恭敬地向看守致敬时，在场所有人乃至整个世界都静了下来。他说："当我走出囚室，迈过通往自由的监狱大门时，我已经清楚，自己若不能把悲痛与怨恨留在身后，那么我仍在狱中。"

启发：原谅他人，其实是升华自己。

2.夜市有两个面线摊位。摊位相邻、座位相同。一年后，甲赚钱买了房子，乙仍无力购屋。为何？原来，乙摊位生意虽好，但刚煮的面线很烫，顾客要15分钟吃一碗。而甲摊位，把煮好的面线在冰水里泡30秒再端给顾客，温度刚好。

启发：为客户节省时间，他才会向你靠近。

3.两马各拉一货车。一马走得快，一马慢吞吞。于是主人把后面的货全搬到前面。后面的马笑了："切！越努力越遭折磨！"谁知主人后来想：既然一匹马就能拉车，干吗养两匹？最后懒马被宰掉吃了。这就是经济学中的懒马效应。

启发：如果让你的老板觉得你已经可有可无，那你已经站在即将离去的边缘。

4.有人问农夫："种了麦子了吗？"农夫："没，我担心天不下雨。"那人又问："那你种棉花没？"农夫："没，我担心虫子吃了棉花。"那人再问："那你种了什么？"农夫："什么也没种，我要确保安全。"

启发：一个不愿付出、不愿冒风险的人，一事无成对他来说是再自然不过的事。

5.一个小镇中，一位商人开了一个加油站，生意特别好，第二个来了，开了一个餐厅，第三个开了一个超市，这片很快就繁华了。另一个小镇，一位商人开了一个加油站生意特别好，第二个来了，开了第二个加油站，第三个、第四个恶性竞争大家都没得玩。

启发：一味走别人的路，必将堵死自己的路。

6.一只乌鸦在飞行的途中碰到回家的鸽子。鸽子问："你要飞到哪？"乌鸦说："其实我不想走，但大家都嫌我的叫声不好，所以我想离开。"鸽子告诉乌鸦："别白费力气了！如果你不改变声音，飞到哪都不会受欢迎的。"

启发：如果你希望一切都能变得更加美好，就从改变自己开始。

7.一户人家有三个儿子，他们从小生活在父母无休止的争吵当中，他们的妈妈经常遍体鳞伤。老大想：妈妈太可怜了！我以后要对老婆好点。老二想：结婚太没有意思，我长大了一定不结婚！老三想：原来，老公是可以这样打老婆的啊！

启发：即使环境相同，思维方式不同也会影响人生的不同。

8.野猪和马一起吃草，野猪时常使坏，不是践踏青草，就是把水搅浑。马十分恼怒，一心想要报复，便去请猎人帮忙。猎人说除非马套上辔头让他骑。马报复心切，答应了猎人的要求。猎人骑上马打败了野猪，随后又把马牵回去，拴在马槽边，马失去了原先的自由。

启发：你不能容忍他人，就会给自己带来不幸。

9.人骑自行车，两脚使劲踩1小时只能跑10公里左右；人开汽车，一脚轻踏油门1小时能跑100公里；人坐高铁，闭上眼睛1小时也能跑300公里；人乘飞机，吃着美味1小时能跑1000公里。

启发：人还是那个人，同样的努力，不一样的平台和载体，结果就不一样了。

来源：智慧人生　我有话说

寂寞以光年来计算

前阵子去里斯本旅行，住在圣乔治城堡下的阿法玛山坡。小巷小弄，忙碌的 28 号电车载着殷切的旅人，车内人拍车外，车外人拍车子。

晚上 11 点多，我对老婆说出去走走，敷着面膜的她不忘说："记得回来。"

多好的叮咛。

钻进小巷，东兜西绕，然后选在最窄的巷子转弯处等待最后一班 28 号电车下山。

说不出为什么，总觉得等电车收班，世界可能会变得不一样。

世界果然变了。巷子里只剩下昏黄的路灯，阴影里是破败的矮楼与高低不平的石块路面，带咸味的风从山下的大西洋吹来，偶尔有迷路的海鸥飞过电线杆时叫两声。一路上只有我一人，忽然间觉得整个阿法玛都是我的。

连着几晚我都等待末班车下山，那么到底我等待的是安静，还是被遗忘很久的寂寞？莫非我爱上了寂寞？

早上照例是电车声吵醒我，旅行社里的年轻人聚在藤架底下吃他们的早餐，掺杂着笑声、叫声、刀叉磨盘子声，甚至听得到阳光透过窗帘暖暖的声音。又回到热闹的新的一天。

夜晚的散步能让脑袋清空，什么也不用想，只是单纯地走路。周围连野狗野猫也没一只，夜晚的黑暗把人包得紧紧的，虚空的感觉又把我放得很大，大到明白自由没有界限。

我对老婆说，有时候享受一下寂寞也挺不错。她说今天晚上轮到她去等末班电车，有没有什么建议？我说尽量放慢速度，什么也别想，让寂寞领路，就能感受到平常没机会接触的另一个自己。

另一个自己？没有相机，没有手机；没有期待，没有懊恼；没有好奇，没有失落。回复到人的原始状态，保证回到床上，一觉到天明。

里斯本的电车大多古老，维持原来木地板、木车厢的模样，无论旅客多挤，市政府显然都没有换新式车厢的意思，可能这是城市特色。若想得浪漫一点儿，可能是管理者刻意如此，让里斯本某个部分别随着时代前进。停下来，未必不是一种进步。

即使离开里斯本已一个月，我仍经常梦到28号电车的屁股消失在小巷的转弯处。其中一个梦很特别，两位头戴圆帽、身穿三件式西装的绅士坐在空荡荡的车厢内，一个面对车子前进的方向，一个相反，他们的侧面像保罗·西涅克画里留小山羊胡、拿魔术师帽子的男人。

我试着解释这个梦，也许看着前方的男人期待未知的旅途，往后看的男人则缅怀他走过的路。

寂寞会使人的心情从日常和忙碌的当下，逃脱至空洞却新鲜的领域。虽然我在台北也常晚上散步，也曾走过无人的巷道，那却仅仅是走路而已——也许离开熟悉的地方，心情空出来的地方更大吧。

一路往北，到了西班牙西北角的圣城圣地亚哥，它是和耶路撒冷、罗马并称的天主教三大圣地。城里宏伟的教堂正在整修，正面被鹰架挡住，少了点气氛，不过没关系，我照样半夜散步。

教堂前躺了不少人，倒不是流浪汉，很多是从比利牛斯山走朝圣之路来的旅人，他们的终点站便是圣地亚哥。他们舍不得朝圣之路结束便夜宿广场，抓住最后那点一个人才能享受到的寂寞。

我也躺下，望着满天星斗，难怪圣地亚哥的全名是星光灿烂的圣地亚哥。看着密密麻麻的星星，其实每颗星星之间的距离都很远，以光年计算吧。究竟光年是什么？我懒得想，只要光年这两个字够深不可测就行。

大部分人不喜欢寂寞，觉得那是种悲伤，几近绝望。其实未必，偶尔的寂寞是面对自己，尤其是放空的自己。

塞太多东西了，就空一下吧。

哦，那天在圣地亚哥大教堂前的广场，有个德国来的年轻人跟我说话，他问我有没有烟？我们躺着抽烟，没有再说话。直到我离开时，他开玩笑地问："如果从外太空看见地球上我们两个人闪着光的烟头，会不会以为也是两颗星星？"

我用直觉回答："以为我们两个人其实相距几个光年。"他没回话，我则踱回旅馆。

寂寞是以光年来计算，无论其实多遥远或多靠近，就像寂寞和喧哗的距离一样。

来源：搜狐网